EDUCAÇÃO MATEMÁTICA

Números e operações numéricas

Terezinha Nunes
Tânia Maria Mendonça Campos
Sandra Magina
Peter Bryant

1

2ª edição

4ª reimpressão

Capa e projeto gráfico: aeroestúdio
Revisão: Elisabeth Matar; Maria de Lourdes de Almeida
Composição: aeroestúdio
Coordenação editorial: Danilo A. Q. Morales

Dados Internacionais de Catalogação na Publicação (CIP)
(Câmara Brasileira do Livro, SP, Brasil)

Educação matemática 1 : números e operações numéricas / Terezinha Nunes...[et al.]. — 2. ed. — São Paulo : Cortez, 2009.

Outros autores: Tânia Maria Mendonça Campos, Sandra Magina, Peter Bryant
Bibliografia.
ISBN 978-85-249-1542-0

1. Matemática - Formação de professores I. Nunes, Terezinha. II. Campos, Tânia Maria Mendonça. III. Magina, Sandra. IV. Bryant, Peter.

09-10076 CDD-370.71

Índices para catálogo sistemático:
1. Professores de matemática : Formação : Educação 370.71

Direitos para esta edição
CORTEZ EDITORA
R. Monte Alegre, 1074 – Perdizes
05014-001 – São Paulo – SP
Tel.: (11) 3864-0111 Fax: (11) 3864-4290
E-mail: cortez@cortezeditora.com.br
www.cortezeditora.com.br

Impresso no Brasil – dezembro de 2022

Este livro é dedicado
aos professores e alunos que participaram
do projeto Ensinar é Construir.
Sua generosa colaboração na coleta de muitos dos
dados incluídos nesse livro possibilitou a adaptação
das avaliações e atividades à nossa realidade.

ÍNDICE

Apresentação 9

capítulo 1

A educação matemática e o desenvolvimento da criança 17

O papel da educação na visão sociocultural da inteligência **18**

Dificuldades do sistema de numeração decimal: um exemplo da relação entre desenvolvimento e educação **20**

Transformando o sistema de numeração em instrumento de pensamento: outro exemplo da relação entre desenvolvimento cognitivo e educação **28**

Que concepção de ensino está implícita nessa discussão do ensino do sistema de numeração **33**

O contexto cultural: o ensino de números e operação no Brasil **34**

Em resumo **43**

Atividades sugeridas para a formação do professor **44**

capítulo 2

As estruturas aditivas: avaliando e promovendo o desenvolvimento dos conceitos de adição e subtração em sala de aula 45

A origem dos conceitos de adição e subtração **46**

O desenvolvimento dos esquemas de ação e a formação dos conceitos operatórios de adição e subtração **48**

Avaliando o desenvolvimento da compreensão das estruturas aditivas em sala de aula **56**

Um programa para promover o desenvolvimento conceitual dos alunos no campo do raciocínio aditivo **66**

Em resumo **80**

Atividades sugeridas para a formação do professor **81**

Capítulo 3
As estruturas multiplicativas: avaliando e promovendo o desenvolvimento dos conceitos de multiplicação e divisão em sala de aula 83

A origem dos conceitos de multiplicação e divisão **84**
Um programa para promover o desenvolvimento do raciocínio multiplicativo **101**
Em resumo **115**
Atividades sugeridas para a formação do professor **116**

Capítulo 4
Usando a lógica numérica para compreender o mundo: a compreensão das quantidades extensivas e intensivas 119

O que são quantidades extensivas e intensivas? **120**
Avaliando o desenvolvimento da compreensão de quantidades extensivas **124**
Atividades para promover o desenvolvimento da compreensão das quantidades extensivas **127**
Avaliando o desenvolvimento da compreensão de quantidades intensivas **136**
Atividades para promover o desenvolvimento da compreensão das quantidades intensivas **142**
Em resumo **148**
Atividades sugeridas para a formação do professor **149**

Capítulo 5

Razão e frações: representando quantidades intensivas 151

Representando quantidades intensivas: razões e frações **152**

O desenvolvimento da compreensão da representação de quantidades por razões ou frações **153**

Promovendo conexões entre a linguagem de frações e de razões e o raciocínio multiplicativo **158**

Em resumo **166**

Atividades sugeridas para a formação do professor **166**

Capítulo 6

Ampliando os conceitos básicos 169

Calculando com números grandes **170**

Estabelecendo conexões entre a lógica e os algoritmos da adição e da subtração **173**

Estabelecendo conexões entre a lógica e os algoritmos da multiplicação e da divisão **180**

Estendendo o raciocínio aditivo a novas situações **188**

Estendendo o raciocínio multiplicativo a novas situações **194**

Em resumo **200**

Atividades sugeridas para a formação do professor **201**

Reflexões finais 203

Referências 205

Este é o primeiro de dois livros que tiveram origem no projeto *Ensinar é Construir*, dirigido à formação do professor. Nosso objetivo ao escrever a obra *Educação Matemática* é reunir materiais que envolvam os professores no processo de observar o desenvolvimento dos alunos, refletir sobre as observações feitas, experimentar soluções através de sua prática, analisar o que foi experimentado, e participar do processo de construção do conhecimento pedagógico, disseminando e discutindo ideias e dados em seminários e congressos científicos. O estudo da introdução à educação matemática será feito em dois volumes: "Os números e as operações numéricas", que se concentra sobre o ensino dos números inteiros, e "Construindo a noção de fração em diferentes situações". Juntos, os dois volumes oferecem um ponto de partida para investigações sobre a educação matemática nas séries iniciais do ensino fundamental.

Há **três características inovadoras** que distinguiram o projeto *Ensinar é Construir* e o estudo da educação matemática proposto aqui. *Primeiro, o projeto foi desenvolvido dentro da concepção de que todo ensino precisa ser baseado em evidências. Dentro dessa concepção, o professor é um profissional que coleta informações sobre seus alunos e as interpreta a partir da pesquisa científica a fim de planejar seu programa de ensino.* Ao concluir uma ação educativa, o professor coleta novos dados sobre seus alunos e avalia a efetividade de sua atuação, usando os resultados dessa avaliação tanto para aperfeiçoar-se como para contribuir para a construção do conhecimento didático. Em consequência dessa visão, os dois volumes oferecem ao professor em formação instrumentos para a coleta de dados sobre o desenvolvimento conceitual dos alunos, informações essenciais à interpretação desses dados, e uma discussão de diferentes formas de ensinar números inteiros, operações e frações.

A segunda característica inovadora desse projeto é que os dois volumes de *Educação Matemática* foram elaborados com a finalidade de oferecer ao professor em formação a oportunidade de desenvolver uma base de observações para um estudo posterior mais aprofundado das ideias no campo da Educação Matemática. Embora seja sempre reconhecido que a integração entre teoria e prática é essencial ao trabalho do professor, a maneira mais comum de se abordar a formação do professor é ensinar-lhe a teoria e depois enviá-lo para a prática. Nessa introdução à Educação Matemática, *propomos uma concepção alternativa de ensino, em que o professor em formação deve coletar informações sobre alunos, analisá-las, e delinear projetos de ação pedagógica desde os primeiros momentos de sua formação*. Essa metodologia, examinada no trabalho com professores em formação continuada participando do projeto *Ensinar é Construir*, já se mostrou efetiva na promoção do desenvolvimento pessoal dos professores com consequências positivas para a aprendizagem dos alunos. Sua introdução na formação de futuros professores oferece uma nova oportunidade para a reflexão sobre a integração entre teoria e prática.

A terceira característica inovadora consiste em reconhecer *que a atividade do professor em sala de aula envolve simultaneamente dois processos de ensino-aprendizagem: um relacionado à aprendizagem do aluno e o outro relacionado à aprendizagem do professor*. Frequentemente, tanto a formação inicial como a formação continuada do professor contemplam apenas os processos de aprendizagem do aluno. Nossa proposta é que não se pode formar o professor sem se considerar esses dois processos de ensino-aprendizagem. Se considerarmos apenas os processos de aprendizagem dos alunos, os professores também tenderão a focalizar apenas a aprendizagem de seus alunos, esquecendo-se de que eles próprios precisam aprender enquanto ensinam. Embora os cursos de formação de professores possam lhes oferecer os elementos iniciais para a construção de modelos e métodos de ensino e os currículos propostos pelos órgãos governamentais possam dar direções curriculares que sugerem objetivos e conteúdos, todos sabemos que não existem soluções permanentes para o ensino. Mesmo as melhores soluções encontradas num determinado momento precisam ser sempre reanalisadas em consequência de avanços tanto nas ciências que constituem os conteúdos a serem ensinados como nas ciências auxiliares da educação.

Os avanços na matemática, na linguística, nas ciências sociais e exatas, bem como na tecnologia, precisam ser analisados para que consideremos que conteúdos devem ser ensinados na escola e como eles devem ser ensinados. Por exemplo, a ciência matemática é um produto cultural, resultado de uma longa evolução, e está em contínuo desenvolvimento. Essa ciência precisa ser transformada em um currículo que possa ser ensinado, e esse currículo deve considerar o atual momento de desenvolvimento da matemática. Conceitos e instrumentos matemáticos que não existiam na matemática no século passado mas existem hoje não podem ser ignorados; devemos perguntar-nos como e quando esses conceitos serão ensinados. O processo de transformação da ciência em um currículo que possa ser ensinado é conhecido como *transposição didática*, uma expressão criada pelo pesquisador francês Chevallard. O documento do Ministério da Educação sobre os Parâmetros Curriculares Nacionais descreve brevemente esse processo, ao qual se refere como *contextualização do saber*: *"O conhecimento matemático formalizado precisa, necessariamente, ser transformado para se tornar passível de ser ensinado/aprendido; ou seja, a obra e o pensamento do matemático teórico não são passíveis de comunicação direta aos alunos. Essa consideração implica rever a ideia, que persiste na escola, de ver nos objetivos de ensino cópias fiéis dos objetos da ciência. Esse processo de transformação do saber científico em saber escolar não passa apenas por mudanças de natureza epistemológica, mas é influenciado por condições de ordem social e cultural que resultam na elaboração de saberes intermediários, como aproximações provisórias, necessárias e intelectualmente formadoras. É o que se pode chamar de contextualização do saber"* (1997, p. 39).

Um exemplo bem atual: a possibilidade de resolver problemas matemáticos usando computadores transforma as atividades daqueles que resolvem problemas. Essa transformação da atividade do matemático adulto pode ou não ser incluída na formação do jovem. É necessário saber até que ponto a possibilidade de usar o computador como instrumento em resolução de problema oculta os próprios princípios matemáticos que o aluno precisa conhecer para se poder avaliar as vantagens e desvantagens de tornar esse instrumento disponível ao aluno durante o processo de aprendizagem. Pode ser vantajoso introduzir o trabalho com computadores no ensino de algumas ideias matemáticas, enquanto o trabalho com outros conceitos pode ser mais eficaz se o computador for introduzido posteriormente, quando os alunos já compreendem os princípios que desejamos ensinar-lhes. Note-se que essa discussão ainda hoje não foi resolvida com relação ao uso de calculadoras na escola: enquanto alguns propõem seu uso ilimitado desde cedo na escola primária, outros enfaticamente condenam o uso de calculadoras, temendo que elas prejudiquem o desenvolvimento do raciocínio do aluno. Para evitar cair no "tradicionalismo" — ou seja, manter as calculadoras fora da sala de aula porque "meu pai aprendeu assim, eu aprendi assim, e meu aluno deve aprender assim, fazendo conta no lápis e papel" — ou cair no "modismo", mudando sua sala de aula a partir de qualquer novidade, o professor precisa estar sempre aprendendo, analisando criticamente as propostas de currículo existentes, experimentando e avaliando as novas propostas que surgirem. O professor que não se ocupa de seu próprio processo de aprendizagem dificilmente será um professor crítico. Lima (1999) resume essa visão da seguinte forma: *"Quem usa a mente como instrumento de trabalho não pode deixar de cultivar, diariamente, a inteligência. Os professores, por exemplo, precisam atualizar-se, permanentemente, acompanhando o desenvolvimento da ciência e da tecnologia (os mestres são os intermediários entre as pesquisas, descobertas e inovações, e as novas gerações)"* (p. 5).

Similarmente, os desenvolvimentos nas ciências em que se baseia a educação precisam ser motivo de inquietação para o professor, levando-o a novas aprendizagens. A psicologia, a sociologia e a antropologia, por exemplo, vêm desenvolvendo teorias e uma base de dados empíricos que parecem ter implicações significativas para a educação. Mas é importante percebermos que essas ideias e dados não se transformam de imediato em práticas pedagógicas. Da mesma forma que há uma transposição didática na passagem das ciências aos currículos a serem ensinados, há transformações nas ideias das ciências auxiliares da educação quando elas são aplicadas à educação. Essa transformação se deve a muitos fatores, tanto culturais como administrativos. Por exemplo: num determinado momento, as investigações psicológicas podem sugerir novas maneiras de ensinar, mas os professores atuando na escola e na formação de professores não conhecem essas ideias. Transformar a educação nesse caso envolve um processo de mudança cultural: a cultura da escola precisa ser alterada para que as novas ideias possam ser implementadas. Ao mesmo tempo, a organização da escola — em disciplinas, em séries, em níveis de ensino, com sistemas de avaliação específicos etc. — pode dificultar a implementação de algumas mudanças. No Brasil, por exemplo, observamos a mudança da escola seriada para a criação de ciclos, quando se decidiu implementar novas ideias educacionais que propunham a necessidade de se dar mais tempo ao aluno para que completasse certas aprendizagens.

Frequentemente, tentativas de implementação de reformas radicais a partir das ciências auxiliares da pedagogia terminam por ser transformadas naquelas mudanças que são exequíveis dentro da estrutura da escola e das condições de funcionamento existentes. Esse processo de transformação dificulta a avaliação de novas ideias em nível sistêmico, mas é inevitável porque a escola e os professores não se transformam da noite para o dia. Exatamente por isso a atuação do professor a partir de evidências coletadas o mais sistematicamente possível torna-se essencial. A partir de projetos realizados em sala de aula, o professor pode oferecer elementos para uma análise crítica das novas ideias, antes que elas venham a se transformar em mudanças no sistema escolar.

Finalmente, o conhecimento da história das ideias e práticas educacionais oferece ao professor a possibilidade de refletir criticamente sobre suas próprias ideias e práticas. É muito conhecida a frase do filósofo espanhol Santayana: "Quem não considera o passado está condenado a repeti-lo". Na educação muitas vezes são propostas soluções já experimentadas no passado e reconhecidas como inadequadas por boas razões. O volume 3 dos Parâmetros Curriculares Nacionais (Ministério da Educação e do Desporto, 1997) analisa sucintamente a trajetória das reformas do ensino de matemática no Brasil, localizando essas reformas no contexto mundial. Em dois momentos distintos, os autores indicam por que duas formas quase diametralmente opostas de ensinar, a Matemática Moderna e o ensino tradicional, não produziram bons resultados no ensino da matemática. Quanto à Matemática Moderna, sugere-se que, ao centrar o ensino nas estruturas matemáticas, *"a reforma deixou de considerar um ponto básico que viria a ser seu maior problema: o que se propunha estava fora do alcance dos alunos, em especial daqueles das séries iniciais do ensino fundamental"* (p. 21). Quanto ao ensino tradicional, sugere-se que *"a prática mais frequente no ensino de matemática era aquela em que o professor apresentava o conteúdo oralmente, partindo de definições, exemplos, demonstração de propriedades, seguidos de exercícios de aprendizagem, fixação e aplicação, e pressupunha que o aluno aprendia pela reprodução. Considerava-se que uma reprodução correta era evidência de que ocorrera a aprendizagem. Essa prática de ensino mostrou-se ineficaz, pois a reprodução correta poderia ser apenas uma simples indicação de que o aluno aprendeu a reproduzir mas não aprendeu o conteúdo"* (p. 39). Vê-se que, em ambos os casos, considerou-se apenas a ciência a ser ensinada, mas não o aluno-aprendiz. Embora partindo de pontos distintos, a Matemática Moderna e o ensino tradicional ignoraram a atividade do aluno, que hoje se reconhece como o elemento mais básico a ser considerado na elaboração de programas de ensino. Análises históricas como essa são de grande utilidade quando se propõem novas metodologias: podemos então perguntar-nos até que ponto elas consideram o aluno enquanto aprendiz e o que hoje se sabe sobre sua participação no processo de construção de seus conhecimentos. E é exatamente essa crítica feita a dois projetos para o ensino da matemática considerados como tão distintos que nos leva a pensar no professor enquanto ator na construção de seu próprio conhecimento. Retornamos, dessa maneira, ao nosso primeiro princípio: para construir seu próprio conhecimento, o professor precisa de evidências.

Ao concluir esta introdução, recomendamos que o curso de educação matemática seja ministrado em estreita conexão com atividades práticas, a partir das quais os professores obterão as evidências para sua reflexão e para embasar sua prática. A implementação das atividades práticas pode ser através de trabalhos desenvolvidos ao longo da leitura e discussão do livro, sendo cada professor em formação responsável por encontrar uma criança para a aplicação das diversas atividades ao longo do ano. A criança não precisará ser necessariamente a mesma para todas as atividades a serem realizadas durante o ano, uma vez que o material discutido no livro inclui tópicos relevantes para o ensino de primeira a quarta série. Se os professores em formação estiverem participando de estágios, eles poderão trabalhar com um número maior de alunos (por exemplo, cinco ou seis), e consequentemente terão a oportunidade de observar maior variedade de desempenhos nas tarefas. O curso também pode ser usado para o ensino a distância. Nesse caso, é essencial que os alunos sejam acompanhados por monitores bem preparados para essa tarefa; a prática de observação de crianças nas tarefas de avaliação e a experiência com as tarefas de ensino devem continuar a fazer parte integral do curso.

As atividades práticas incluem tarefas de avaliação e de ensino. É importante que ambos os tipos de tarefa sejam executados, cuidadosamente registrados e discutidos. Se o módulo estiver sendo implementado à distância, as reuniões com os monitores deverão incluir a discussão de observações. Quando se procura formar professores como profissionais que buscam desenvolver o ensino baseado em evidências, é imprescindível criar oportunidades de coleta e análise de dados.

O curso de educação matemática que propomos foi desenvolvido a partir de um programa de colaboração entre o PROEM (Programas de Estudos e Pesquisas no Ensino da Matemática) da Pontifícia Universidade Católica de São Paulo, o Institute of Education da Universidade de Londres, e os departamentos de Psicologia das Universidades de Oxford e Oxford Brookes University, com o patrocínio do CNPq em parceria com o Conselho Britânico[1], inicialmente, e posteriormente em parceria com a Royal Society. Uma grande parte dos trabalhos de reflexão, discussão com professores e coleta dos dados apresentados nos dois volumes desse curso foi possibilitada pelo apoio da FAPESP (Fundação de Apoio à Pesquisa do Estado de São Paulo), no Brasil, do ESRC (Economic and Social Research Council, Teaching and Learning Research Programme) e da British Academy (através de uma bolsa de

Research Reader concedida a T. Nunes). Agradecemos a essas instituições seu apoio, bem como à Secretaria de Estado da Educação de São Paulo[2], cujo apoio proporcionou uma primeira avaliação dessa nova metodologia no trabalho em formação continuada de professores. Agradecemos também aos professores que participaram dos diferentes projetos e a seus alunos, sem os quais os dados apresentados nos dois volumes dessa educação matemática não teriam sido coletados.

[1] Processo n. 910111/95-2

[2] Inovações do Ensino Básico: Projeto "Ensinar é Construir".

A educação matemática e o desenvolvimento da criança

Objetivos ■ apresentar a visão sociocultural de inteligência, que serve de base para as pesquisas sobre o desenvolvimento de conceitos matemáticos descritas neste livro ■ identificar algumas das dificuldades da criança na compreensão das ideias de número e do sistema de numeração que usamos ■ descrever instrumentos de avaliação da compreensão que a criança tem de número e do sistema de numeração ■ descrever atividades que podem promover a compreensão da criança ■ introduzir o contexto cultural do ensino de número e operações numéricas no Brasil através de um breve histórico.

O papel da educação na visão sociocultural da inteligência

Um dos temas mais discutidos na educação nos últimos cinquenta anos é a relação entre a educação matemática e o desenvolvimento da inteligência. Segundo o senso comum, a inteligência é um dom, um potencial determinado geneticamente, que a educação pode desenvolver. Quanto melhor a educação, quanto mais variadas as oportunidades, maior o desenvolvimento da inteligência. No entanto, segundo o senso comum, a educação não pode criar um grau maior de inteligência do que aquele que foi determinado pelo potencial genético.

Esse modo de pensar sobre a inteligência tem sido altamente discutido nas últimas décadas, uma vez que hoje se reconhece que as capacidades humanas não são limitadas por sua formação biológica. Ao longo da história, a humanidade desenvolveu inúmeros instrumentos que amplificam nossa capacidade de perceber, agir, e resolver problemas. Nossa capacidade visual não nos permite ver uma célula sanguínea, por exemplo, mas podemos ver coisas milhares de vezes menores do que uma célula sanguínea com o auxílio de um microscópio. Não temos asas mas podemos voar de avião. Se não soubermos fazer uma raiz quadrada necessária à solução de um problema, podemos simplesmente apertar uma tecla numa calculadora e encontrar a resposta. O microscópio, o avião e a calculadora funcionam como instrumentos para a percepção, a ação e o pensamento (para uma discussão, ver Nunes, 1997).

Essa visão do funcionamento da inteligência humana foi introduzida na Psicologia do Desenvolvimento pelos pesquisadores soviéticos Vygotsky e Luria e, simultaneamente, na psicologia geral e na psiquiatria pelo inglês Gregory Bateson. Em psicologia geral e psiquiatria, essa abordagem é conhecida como teoria de sistemas; em psicologia do desenvolvimento, é conhecida como *a teoria sociocultural da inteligência*. Dentro dessa visão, a educação desempenha um papel fundamental no desenvolvimento da inteligência porque é através da educação que aprendemos a utilizar os instrumentos culturalmente desenvolvidos que amplificam as nossas capacidades.

Nem todos os instrumentos amplificadores de nossas capacidades são objetos concretos. Muitos são objetos simbólicos, isto é, são sistemas de sinais com significados culturalmente determinados, como a linguagem e os sistemas de numeração. Os sistemas de numeração amplificam nossa capacidade de registrar, lembrar, e manipular quantidades.

Imagine que, em cima de uma mesa, há cinco bombons. Não temos dificuldade em perceber uma quantidade pequena como essa e talvez possamos até lembrar-nos do número de bombons sem tê-los contado, somente pensando na maneira como eles estavam espalhados em cima da mesa: dois mais para a esquerda, três mais para a direita. No entanto, se precisássemos saber quantos bombons foram produzidos numa fábrica durante o período de um dia, não poderíamos realizar essa tarefa perceptualmente. Precisaríamos usar um sistema de numeração para conseguir registrar o número de bombons à medida que eles fossem saindo da máquina. O registro da quantidade seria feito mediante a contagem — ou seja, usando um sistema de sinais que indica quantidades.

Um sistema de numeração de base dez, como o que usamos em Português, facilita a nossa tarefa incrivelmente. Para contar corretamente, precisamos usar um rótulo numérico diferente para cada bombom que sair da máquina. Se disséssemos um, dois, dois, dois, repetindo o mesmo rótulo, nossa contagem estaria errada. Precisamos também usar os rótulos numéricos sempre na mesma ordem: um, dois, três, quatro, cinco etc. e não um, cinco, três, quatro, dois. Se usarmos os rótulos na ordem errada, podemos terminar com dois números diferentes quando contarmos o mesmo grupo de objetos. Se a fábrica produzir, por exemplo, mil bombons por dia, precisamos dizer mil palavras numa ordem fixa. A tarefa de memorizar mil palavras numa ordem fixa é extremamente difícil, porém, no caso dos sistemas de numeração, ela já foi simplificada pelos nossos antepassados. Ao invés de precisarmos memorizar todos os rótulos numéricos, podemos deduzi-los a partir da nossa compreensão de como funciona o sistema de numeração. Em português, por exemplo, a organização do sistema de numeração se torna mais clara a partir do vinte, pois começa a aparecer um padrão que se repete a cada dezena: vinte e um, vinte e dois, vinte e três..., trinta e um, trinta e dois, trinta e três..., quarenta e um, quarenta e dois, quarenta e três... e assim sucessivamente. É interessante que, quando as crianças começam a aprender a contar, elas não percebem esse padrão de imediato, porém passam a percebê-lo depois de relativamente pouco tempo. Notamos essa compreensão em sua maneira de contar. Por exemplo, podemos notar que, quando elas contam dentro de uma dezena, dizem rapidamente os números até a combinação da dezena com o nove (vinte e nove, trinta e nove) e depois param para pensar qual é a dezena seguinte. De modo geral, quando a criança sabe contar até aproximadamente sessenta é porque já percebeu o padrão, e aí ela torna-se rapidamente capaz de contar até cem (para maiores detalhes, ver Nunes e Bryant, 1997).

Segundo a teoria sociocultural da inteligência, quando a criança aprende a contar ela poderá começar a usar a contagem como um instrumento de pensamento, para auxiliar sua habilidade de registrar e lembrar-se de quantidades, e amplificar sua capacidade de resolver problemas. Por exemplo, a criança pode utilizar a contagem para se lembrar do número de figurinhas que trocou com seu amigo — lembrando-se de que trocou seis — sem ser necessário lembrar-se exatamente da lista das figurinhas que foram trocadas. Se o amigo ficar devendo algumas figurinhas, a memória do número de figurinhas que o amigo ainda lhe deve será útil para as trocas futuras.

Dificuldades do sistema de numeração decimal: um exemplo da relação entre desenvolvimento e educação

Será que é suficiente saber contar para compreender as ideias matemáticas que existem implícitas num sistema de numeração? O Quadro 1.1 descreve um estudo das dificuldades que as crianças encontram ao utilizar um sistema de numeração decimal.

quadro 1.1

Contando dinheiro no mercadinho

Terezinha Nunes e Analucia Schliemann desenvolveram uma técnica simples para examinar se a criança compreende as dificuldades do nosso sistema de numeração. Num sistema de numeração, os números não são simplesmente uma sequência de palavras, como uma lista de compras, na qual um item não tem qualquer relação com o outro. Na sequência de números, cada número é igual ao anterior mais 1; 2 = 1 + 1; 3 = 2 + 1; 4 = 3 + 1 etc. Além disso, qualquer número pode ser composto através da soma de dois números que o precedem: 7 = 6 + 1 ou 5 + 2 ou 4 + 3. Portanto, a sequência numérica não é uma simples lista. A sequência numérica supõe uma organização, que chamamos *composição aditiva*. Além disso, num sistema numérico com uma base, como a base dez no caso do nosso sistema de contagem em português, existe também uma organização de natureza multiplicativa: 20 indica duas dezenas ou 2 x 10; 30 = 3 x 10; 40 = 4 x 10 etc. Essa organização multiplicativa significa que as unidades contadas podem ter valores diferentes: podem ser unidades simples, dezenas, centenas, unidades de milhar etc. Portanto, para mostrar que uma criança realmente compreende a organização do sistema numérico decimal, precisamos mostrar que ela compreende a ideia de que existem unidades de valores diferentes no sistema e que as diferentes unidades podem ser somadas, formando uma quantia única.

Quando uma criança conta um grupo de objetos, é difícil sabermos se ela compreende essa organização subjacente ao sistema de numeração. Para cada objeto ela diz um rótulo numérico, mas pode ser que a criança pense nos rótulos simplesmente como uma lista ou pode ser que compreenda que eles formam um sistema organizado. Para testar se a criança compreende a composição aditiva de números, é necessário criar situações em que ela precise contar unidades de valores diferentes, e coordená-las numa quantia única. Existem na vida quotidiana muitas situações em que contamos unidades de valor diferente – por exemplo, muitos sistemas de medida envolvem essa contagem. No entanto, nem sempre as unidades diferentes serão coordenadas em um só valor, podendo aparecer uma após a outra: por exemplo, podemos dizer "um metro e vinte centímetros" (os metros depois os centímetros), sem combinar os dois valores. Uma situação em que contamos unidades de valor diferente e coordenamos essas unidades num só total é a contagem de dinheiro com notas de diferentes valores. Se tivermos duas moedas de dez e três de um real, teremos de combinar a contagem com a adição desses valores distintos para saber quanto dinheiro temos ao todo.

A técnica de exame desenvolvida por Nunes e seus colaboradores usando o dinheiro para testar a compreensão das dificuldades do sistema decimal é a seguinte.

Primeiro, investigamos até que número a criança sabe contar. Colocamos 50 moedas de 1 real diante da criança (ou fichas simbolizando 1 real) e lhe pedimos que conte o total de dinheiro que lhe demos. Essa situação é idêntica à contagem de objetos e é apenas um passo preliminar à situação de exame. A contagem de moedas de 1 real testa apenas se a criança sabe dizer os rótulos numéricos em correspondência com os objetos, sem contar nenhum objeto duas vezes e sem deixar nenhum sem contar. Esse passo é importante pois não podemos testar a compreensão que a criança tem da combinação de valores diferentes em um total único usando rótulos numéricos que ela não conhece. Se a criança não souber contar acima de 20, por exemplo, não podermos testá-la com valores acima de 20 na compreensão da composição aditiva.

O segundo passo é avaliar a compreensão da composição aditiva. Para isso, colocamos moedas ou notas de diferentes valores diante da criança, trabalhando sempre com totais numéricos incluídos em seu conhecimento de contagem. Na prática, é mais fácil utilizar fichas de cores diferentes simbolizando valores diferentes, porque as fichas são manuseadas mais facilmente pelas crianças do que as moedas, e nossas investigações anteriores mostram que a tarefa não se torna mais difícil quando usamos fichas ao invés do próprio dinheiro. É interessante trabalharmos com diferentes situações. Por exemplo, podemos usar fichas vermelhas como sendo as "moedas de 1 real de faz de conta" e fichas verdes como sendo moedas de 5 reais. Nessa situação, damos à criança uma "moeda" de 5 e quatro "moedas" de 1 real. Colocamos diante da criança também diversos objetos pequenos: por exemplo, bolinhas de gude, gominhas, borrachas, apontadores, pequenos brinquedos, podem ser usados para montar o mercadinho. Propomos à criança que compre no mercadinho de brinquedo. Quando a criança escolhe um objeto para comprar, pedimos que pague seu preço, utilizando as moedas que lhe entregamos. O preço será determinado de tal forma que a criança precise utilizar moedas de dois valores diferentes: por exemplo, uma moeda de 5 e três moedas de 1 real para pagar 8 reais. Noutro momento, ainda no mercadinho de brinquedo, damos à criança fichas azuis, que simbolizarão 10 reais, e fichas vermelhas, que continuam simbolizando 1 real. Nessa situação, pedimos à criança que pague quantias como 13 ou 15 reais — ou seja, quantias que exigem a combinação de uma moeda de 10 com algumas de 1 real.

Nossos estudos anteriores mostram que algumas crianças, embora saibam contar até mais do que 20, não conseguem fazer essas combinações de dinheiro. A tendência dessas crianças é contar todas as moedas como se fossem de 1 real. Se elas contarem todas as moedas como se fossem de 1 real, no caso da primeira situação com moedas de 5 e de 1, elas dirão que não têm dinheiro para pagar o brinquedo de 8 reais, porque têm somente 5 moedas. Quando perguntamos se elas se lembram dos valores convencionados, verificamos que não se trata de esquecimento, pois as crianças via de regra respondem corretamente. Sua dificuldade não é de memória, é conceitual. A criança não consegue compreender as adições implícitas na contagem embora seja capaz de contar objetos usando a sequência numérica.

Esse comportamento é típico das crianças de 4 anos e raramente encontramos uma criança de 4 anos que solucione o problema da contagem de moedas de dois valores diferentes. A maioria das crianças de 5 anos ainda mostra essa dificuldade. É apenas a partir de 6 anos que a maioria das crianças resolve os problemas de contagem de dinheiro no mercadinho (aproximadamente 2/3 resolvem corretamente), porém mesmo entre crianças de 7 anos pode-se observar dificuldade na compreensão da composição aditiva dos números.

As professoras da primeira série necessitam fazer uma avaliação da compreensão da composição aditiva no início do ano e ter, entre seus objetivos de ensino, o de levar todas as crianças a compreenderem a composição aditiva. Como essa avaliação precisa ser aplicada com material concreto, a professora precisará planejar maneiras de organizar o trabalho da classe de modo a poder dispensar cinco a dez minutos de atenção individual a cada aluno. Oportunidades diversas podem ser utilizadas, como chamar um aluno cinco minutos antes do início da aula, ficar com um aluno cinco minutos após o início do recreio, ou trabalhar com um aluno que terminou uma tarefa mais cedo. Se a professora planejar entrevistas com 4 crianças em cada dia de aula, ao final de duas semanas terá um diagnóstico de todas as crianças em sua classe.

(Para maiores detalhes da aplicação dessa tarefa, ver Carraher, 1993, ou Nunes e Bryant, 1997).

Recentemente desenvolvemos versões dessa tarefa que podem ser aplicadas às crianças coletivamente, em sala de aula, através de desenhos e instruções orais. Essa aplicação em grupo facilita a tarefa da professora, pois evita o trabalho individual. No entanto, nossas investigações mostram que aproximadamente 20% das crianças que dão respostas corretas se a tarefa for aplicada individualmente, com material concreto, dão respostas erradas quando a tarefa é aplicada com lápis e papel. A Figura 1.1 apresenta alguns exemplos utilizados na situação coletiva. Procure refletir sobre quais são as dificuldades extras, além da compreensão da composição aditiva, que surgem na aplicação da tarefa coletiva.

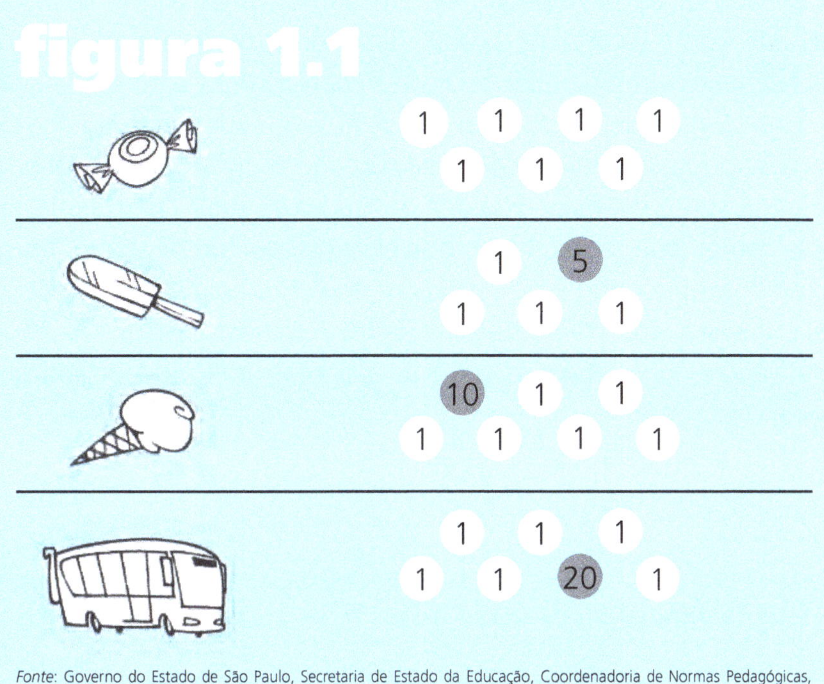

Fonte: Governo do Estado de São Paulo, Secretaria de Estado da Educação, Coordenadoria de Normas Pedagógicas, *Atividades Matemáticas, Ciclo Básico*, Volume 2, p. 111-112.

Nossas investigações anteriores mostraram que a compreensão da composição aditiva, avaliada através da tarefa de contagem do total de dinheiro usando moedas de valores diferentes, é muito importante para o progresso da criança na aprendizagem de matemática no primeiro ano do ensino elementar. As crianças que compreendiam a composição aditiva no início do ano letivo mostraram melhor nível de desempenho em avaliações globais de matemática feitas ao final do ano letivo do que as crianças que não compreendiam a composição aditiva no início do ano. Por isso, é muito importante compreender os obstáculos à compreensão da composição aditiva e saber criar atividades em sala de aula que nos ajudem a superar esses obstáculos.

Uma análise das diferenças entre contar objetos e contar notas de valores diferentes deu-nos uma pista para compreender por que as crianças têm dificuldade na contagem de dinheiro. Para contar corretamente, por exemplo, o total formado por uma moeda de 5 reais e 3 de 1 real, a criança precisa começar a contar a partir da moeda de 5, e continuar a contagem a partir daí: "cinco (mostrando a nota de 5), seis, sete, oito (mostrando as de 1 real)". Essa forma de contagem difere do procedimento mais habitual, em que a criança começa do um.

Como criar experiências em sala de aula que sugiram à criança essa forma de organizar sua atividade de contagem? Infelizmente, sabemos que não é suficiente fazer uma demonstração e pedir à criança que imite nossa maneira de contar. Mesmo se ela conseguir imitar o que fizemos no momento, quando lhe dermos um novo exemplo ela pode não utilizar o mesmo procedimento. O Quadro 1.2 mostra alguns exemplos de atividades que levam as crianças a buscar uma nova organização de sua contagem.

quadro 1.2

Explicitando quantidades não percebidas

Uma moeda de 5 reais não apresenta a quantidade "cinco" à percepção: ela representa a quantidade por uma convenção. Em estudos anteriores, experimentamos duas maneiras distintas de explicitar a quantidade implicitamente representada numa situação como essa.

1. Adição de parcelas escondidas. Nessa tarefa, criamos um problema de adição em que uma das parcelas pode ser percebida enquanto a outra está escondida. Por exemplo: pegamos uma caixinha e mostramos à criança que estamos colocando dentro da caixa 5 bombons. Depois apresentamos-lhe o problema: Imagine que Célia tinha 5 bombons nessa caixa. Sua avó veio visitá-la e lhe deu 4 bombons (colocamos 4 bombons sobre a mesa). Quantos bombons ela tem agora?

Muitas das crianças mais novas (de 4 a 6 anos) terão dificuldade em resolver o problema. Embora elas tenham visto os 5 bombons sendo colocados dentro da caixa, elas agora já não podem produzir a lista de rótulos numéricos em correspondência com os bombons. Surgem, nessa situação, algumas soluções interessantes, que a criança poderá vir a utilizar na situação de contagem de dinheiro. Algumas crianças espontaneamente resolvem a questão contando até 5 enquanto apontam repetidamente para a caixa, e depois prosseguem a contagem, apontando para os bombons que estão ao lado da caixa. Outras utilizam os dedos: contam os dedos de uma das mãos e depois continuam contando, agora apontando para os bombons. Essas soluções explicitam a quantidade não percebida, que está dentro da caixa. Em algumas crianças, essas soluções aparecem espontaneamente mas outras crianças simplesmente apontam para a caixa e contam "um", depois apontam para os bombons visíveis e continuam a contagem. Quando as crianças contam "um", como se houvesse apenas um bombom dentro da caixa, podemos pedir-lhes que mostrem nos dedos quantos bombons estão dentro da caixa. Depois perguntamos: cinco (mostrando os dedos da criança), com mais esses quatro bombons (mostrando os que estão em cima da mesa), quantos bombons Célia tem agora? Nessa situação, a maioria das crianças começa a compreender a representação dos cinco bombons por uma única palavra, "cinco", ou por um único gesto, a mostra de todos os dedos de uma das mãos. Quando a situação é repetida algumas vezes com valores diferentes, a criança começa a compreender melhor a representação numérica.

2. Equivalência entre a moeda e os dedos. Quando apresentamos às crianças diversos problemas com parcelas escondidas e imediatamente depois problemas de contagem de dinheiro, algumas crianças percebem de imediato a semelhança entre o problema anterior, com uma parcela escondida, e a contagem do dinheiro; outras não. Nesse caso, podemos pedir à criança que nos mostre nos dedos o valor da moeda (Quanto vale essa moeda? Mostre nos dedos. E com mais um, quanto é?) e, em seguida, pedir-lhe que nos diga quanto dinheiro teria se lhe déssemos aquela moeda de 5 e mais uma de 1 real. Esse procedimento parece ser uma forma de ensino mais eficaz do que contarmos o dinheiro e pedirmos que a criança imite o que fizemos. É possível que ele seja mais eficaz porque, embora a criança resolva o problema com ajuda, é ela própria quem chega à solução.

Transformando o sistema de numeração em instrumento de pensamento: outro exemplo da relação entre desenvolvimento cognitivo e educação

Há uma ampla literatura que mostra que a criança, mesmo sabendo contar, não passa a usar a contagem automaticamente para resolver problemas numéricos. Os trabalhos de Piaget e seus colaboradores foram pioneiros nesse sentido (ver, de modo especial, Piaget e Szeminska, 1971). Uma tarefa em que tipicamente as crianças de 4 ou 5 anos deixam de usar o número como instrumento de pensamento é a conhecida *tarefa de conservação*. Nessa tarefa, mostramos à criança uma fila com 8 ou 9 moedas, e pedimos-lhe que imagine que sua mãe deu aquele dinheiro para seu irmão comprar pirulito. Sua mãe disse-lhe que ela poderia pegar para ela a mesma quantidade de dinheiro para comprar pirulito. Oferecemos à criança uma quantidade maior de moedas para que ela retire a mesma quantidade que seu irmão ganhou. As crianças de 4 ou 5 anos frequentemente fazem simplesmente uma fileira de moedas do mesmo comprimento da primeira fileira, mas não necessariamente com o mesmo número de moedas. Embora elas saibam contar, não usam o número como um instrumento de pensamento. Se, uma vez construída a igualdade das fileiras, rearrumarmos as moedas de uma delas, fazendo com que a fileira agora fique mais curta, a criança não compreende a conservação da igualdade. Embora nenhuma moeda tenha sido retirada da fileira, ela julga que a igualdade numérica não existe mais: a fileira menor será vista como tendo menos dinheiro.

Os trabalhos de Piaget mostraram claramente que contar e compreender a utilidade dos números são duas coisas bem diferentes. Na tarefa de conservação, por exemplo, algumas crianças (de 4 a 6 anos) contam o número de moedas nas duas fileiras, verificam que há, por exemplo, 8 moedas em cada fileira, e, ainda assim, não aceitam a igualdade da quantidade total de dinheiro (para exemplos detalhados de entrevistas sobre a conservação dos números, ver Carraher, 1986).

Em consequência dos trabalhos de Piaget, muitos educadores, no Brasil como nos Estados Unidos e na Europa, investigaram durante muito tempo maneiras de ensinar às crianças o conceito de conservação. Pensava-se que a conservação fosse um pré-requisito para a aprendizagem das noções mais elementares de aritmética e que, portanto, não teríamos nenhum sucesso no ensino da matemática elementar se a criança não compreendesse a conservação das quantidades. Note-se, no entanto, que essa aplicação da teoria não foi proposta por Piaget, que sugeria que a criança deve construir a compreensão da ideia de número a partir das noções que desenvolve de adição e subtração. Segundo Piaget, quando a criança compreende que as quantidades só se alteram por meio da adição e da subtração, ela chega, mais cedo ou mais tarde, à conclusão de que, se nada foi acrescentado e nada foi retirado das fileiras, as quantidades continuam iguais, embora a disposição espacial dos elementos nas fileiras tenha sido alterada.

Hoje já existem muitas investigações mostrando que *as noções iniciais de adição e subtração são compreendidas pelas crianças anteriormente à aquisição do conceito de conservação*. No entanto, são ainda necessários estudos que mostrem se o conceito de conservação depende do desenvolvimento das noções elementares de adição e subtração e resulta de sua coordenação, como propunha Piaget. De qualquer forma, uma avaliação inicial do aspecto mais elementar desses conceitos no início do ano pode oferecer ao professor ideias interessantes sobre que objetivos precisa trabalhar para desenvolver diversos aspectos da ideia de número na criança. O Quadro 1.3 apresenta algumas sugestões.

quadro 1.3

Algumas tarefas para avaliar outros aspectos da compreensão da ideia de número

Está certa essa distribuição?
Peter Bryant e Olivier Frydman desenvolveram várias tarefas para analisar a compreensão da igualdade numérica entre crianças de 4 a 7 anos. As tarefas envolvem a distribuição de blocos de plástico que podem ser acoplados uns aos outros e que são usados como "bombons de faz de conta". Várias situações podem ser criadas para provocar na criança reflexões sobre a igualdade numérica. Todas essas situações têm significado para as crianças pois, numa distribuição de bombons, há sempre interesse em verificar se a distribuição foi justa, mesmo que os bombons sejam de brincadeira.

Situação 1. Dá-se à criança uma certa quantidade de blocos – por exemplo, 20 – e pede-se à criança que distribua "os bombons" para dois bonecos de modo que os dois tenham a mesma quantidade. Os bonecos podem ser simples figuras recortadas de papel cartão colorido. Para facilitar o trabalho, é bom utilizar duas cores, o que torna mais fácil a comunicação quando a professora quer fazer referência aos bonecos (o azul, o amarelo).

Esta é uma situação muito simples e a maioria das crianças, mesmo as mais novas, consegue obter a distribuição igual, dando "um bombom para um e um para o outro". Esse procedimento de correspondência temporal aparece mais cedo no desenvolvimento da criança do que a correspondência espacial, que envolve a formação de duas fileiras com quantidades iguais.

Ao terminar a distribuição, pergunta-se à criança se ela tem certeza de que os dois bonecos têm a mesma quantidade de bombons. Em seguida, pede-se à criança que guarde os bombons do boneco amarelo, por exemplo, dentro de uma caixa ou um saquinho que não seja transparente para que os bombons não se misturem com os do outro boneco. Depois pergunta-se à criança: quantos bombons tem o boneco azul (cujos bombons estão à vista)? Quantos bombons tem o boneco amarelo (cujos bombons estão dentro da caixa)? Observa-se se a criança deduz o número de bombons do boneco amarelo sem precisar retirá-los da caixa.

A professora desejará saber quantas crianças em sua classe utilizaram o número como instrumento de pensamento para solucionar o problema no início do ano e no final do ano.

Situação 2. Nessa situação, alguns blocos estão acoplados em pares, formando unidades duplas, enquanto outros blocos estão sozinhos, formando unidades simples. Novamente, a tarefa da criança é distribuir os doces entre dois bonecos, mas desta vez a tarefa é mais complexa, pois um boneco gosta somente das unidades simples e o outro das unidades duplas. Apesar de suas preferências, eles devem ter a mesma quantidade para comer no final da distribuição.

A dificuldade dessa tarefa resulta da necessidade de modificar o procedimento que as crianças usam habitualmente para distribuir objetos. Em vez de dar um doce para um, um para o outro, as crianças precisam dar duas unidades simples para um e uma dupla para o outro.

Os estudos realizados por Frydman e Bryant (1988) mostram que as crianças de 5 e 6 anos algumas vezes começam a fazer a distribuição sem alterar seu procedimento. No entanto, rapidamente percebem que algo está errado, pois a pilha de doces do boneco que ganha unidades duplas aumenta mais rapidamente que a do outro. Diante dessa observação, as crianças buscam soluções que resultem numa distribuição justa, e chegam a descobrir a necessidade de dar duas unidades simples para um quando dão uma unidade dupla para o outro.

A professora pode utilizar essa tarefa como uma maneira de provocar discussões sobre quantidades entre as crianças de sua classe. Ela pode organizar sua classe em duplas e pedir às duplas que solucionem o problema, passando pela classe para verificar como estão fazendo. Quando duas crianças trabalham juntas mas têm conceitos diferentes sobre como a distribuição deve ser feita, podem surgir discussões interessantes entre elas.

Situação 3. A distribuição de unidades duplas em que o tamanho da unidade claramente mostra que ela é dupla, oferece à criança um suporte na construção da ideia de que nem todas as unidades têm o mesmo valor. É interessante criar um terceiro tipo de situação, em que esse valor relativo da unidade não aparece perceptualmente. O trabalho com moedas cria boas oportunidades nesse sentido.

No Brasil não temos moedas de dois reais. Pode-se, no entanto, criar moedas de brinquedo, utilizando-se fichas de cores diferentes, marcadas com os números 1 e 2 para indicar seus respectivos valores (por exemplo, todas as amarelas marcadas com 1 e as vermelhas marcadas com 2). A tarefa das crianças é fazer uma distribuição justa do dinheiro, sendo que um dos bonecos gosta somente de moedas de um real e o outro gosta apenas das moedas de dois reais. Os bonecos deverão receber a mesma quantidade de dinheiro para comprar pirulitos.

Esse trabalho também pode ser feito em sala de aula com as crianças trabalhando em dupla. Quando as crianças trabalham em dupla, a professora não terá certeza sobre o desempenho de cada criança, mas poderá formar uma ideia geral de como as crianças de sua classe resolvem esse tipo de problema (ver Nunes e Bryant, 1997, para maiores informações sobre o desempenho das crianças em situações dessa natureza).

Que concepção de ensino está implícita nessa discussão do ensino do sistema de numeração?

Observe que há alguns pontos fundamentais que dão suporte à discussão anterior. Primeiramente, nossa questão foi saber *por que ensinar o sistema de numeração* que usamos, às crianças. A resposta está no fato de que, sem um sistema de numeração, é impossível trabalharmos com quantidades. O sistema de numeração nos permite registrar as quantidades de maneira mais exata do que a percepção e nos lembrarmos dessas quantidades quando precisarmos. Os sistemas de numeração amplificam nossa capacidade de raciocinar sobre quantidades. Portanto, os sistemas de numeração são necessários para que os alunos venham a desenvolver sua inteligência no âmbito da matemática, usando os instrumentos que a sociedade lhes oferece. Nesse sentido, a aprendizagem do sistema de numeração decimal atende diretamente a dois dos objetivos do ensino fundamental explicitados nos Parâmetros Curriculares Nacionais: utilizar a linguagem matemática como meio para produzir, expressar e comunicar suas ideias e saber utilizar diferentes recursos tecnológicos para adquirir e construir conhecimentos (1997, p. 8).

A segunda questão foi tentar identificar os obstáculos à compreensão do sistema de numeração. A partir de estudos anteriores, vimos que esses obstáculos encontram-se na relação entre o desenvolvimento da criança e a complexidade da representação numérica usando um sistema de numeração. Há uma ideia especialmente complexa, a ideia de composição aditiva, que a criança precisa compreender para poder entender um sistema de numeração com base, como o nosso. Para auxiliar o trabalho do professor, oferecemos-lhe instrumentos de avaliação e sugestões de atividades relacionadas ao desenvolvimento do conceito de composição aditiva.

Portanto, a concepção de ensino subjacente a esse capítulo considera a importância de sabermos por quê ensinamos algo e como a criança constrói uma compreensão do que desejamos lhe ensinar. Vimos que a compreensão do sistema de numeração precisa ser construída em sintonia com a ideia de adição, e vimos como provocar essa sintonia em situações simples, como fazendo a adição de parcelas escondidas. Até esse momento, não discutimos a representação escrita do sistema decimal, que trará dificuldades adicionais.

Resta agora considerar outras maneiras diferentes de definir o currículo da matemática elementar no campo dos números e das operações. Essa discussão será feita considerando-se uma proposta anterior para o currículo de matemática. A partir da análise de uma outra proposta, pode-se refletir melhor sobre o que é novo e o que dá continuidade aos programas anteriormente definidos para a matemática elementar no Brasil.

O contexto cultural: o ensino de números e operações no Brasil

Consideramos nesta seção apenas aquelas ideias que tiveram impacto sobre o ensino de números e operações. A introdução da Matemática Moderna no Brasil não parece ter tido impacto sobre esse ensino. O ensino de conjuntos ficava isolado do ensino do sistema decimal e das operações; por isso, a Matemática Moderna não será discutida aqui.

Em 1952, O INEP – Instituto Nacional de Estudos Pedagógicos – publicou o livro *Matemática no Curso Primário: Sugestões para a organização e desenvolvimento de programas (Estudo Preliminar)*, que propunha objetivos, métodos de ensino e os "mínimos a alcançar" no ensino de matemática no curso primário. Os objetivos gerais estão apresentados no Quadro 1.4.

quadro 1.4

Objetivos gerais da matéria

- Dotar as crianças de conhecimentos e habilidades que lhes possibilitem aplicar, com rapidez, exatidão e segurança, a aritmética e a geometria, como instrumentos na solução dos problemas da vida prática.
- Formar, nos alunos, hábitos que conduzam à maior eficiência no emprego das técnicas matemáticas, desenvolvendo correlatamente a atenção, o rigor da observação, a precisão do raciocínio, e a justeza de expressão.
- Criar, nos alunos, disposições favoráveis ao estudo da matemática, despertando-lhes o interesse pelo aspecto quantitativo das coisas, fenômenos, necessidades e atividades sociais.

Fonte: INEP, Ministério da Educação e Saúde, 1952, Publicação n. 71: *Matemática no Curso Primário: Sugestões para organização e desenvolvimento de programas (Estudo preliminar)*, p. 3.

Nota-se nos objetivos que a matemática no curso primário é concebida como o ensino de técnicas ou instrumentos que poderão ser utilizados pelos alunos na vida prática para solucionar problemas. Não há, nesse momento, qualquer preocupação com questões relativas ao desenvolvimento da inteligência ou com a compreensão das ideias de número e das dificuldades do sistema de numeração. A metodologia sugerida revela o conceito de número e de operações em que se baseia a proposta: conhecer números é saber contar e escrever números e a aprendizagem das operações está baseada na memorização dos "fatos". Ver algumas sugestões metodológicas no Quadro 1.5.

quadro 1.5

Sugestões metodológicas

Numeração. A ideia de número deve ser adquirida pela criança, não apenas pela repetição mecânica da sucessão dos números inteiros, mas sim através de sua própria experiência sensorial. Lidando com coleções de objetos diversos, vendo, tocando, a criança irá adquirindo a noção de quantidade, como foi dito anteriormente, e em seguida, separando, reunindo e repartindo os elementos dessas coleções, ela irá "*sentir*" os números, de 1 a 10, em todas as suas possibilidades de composição.

O professor dará ordens como estas:

- tire quatro lápis de dentro desta caixa;
- apanhe cinco cadernos dos que estão sobre a mesa;
- apague cinco bolinhas das que estão desenhadas no quadro-negro;
- distribua seis lápis entre três alunos.
- ....

Um dos erros frequentes que encontramos nas séries mais avançadas do curso primário é a insegurança, da parte dos alunos, nas combinações dos números dígitos. É necessário, portanto, um cuidado especial nesse sentido, devendo o professor exigir dos alunos respostas imediatas, seguras e automáticas às questões que envolvam tais combinações. Não deve haver contemplação por parte do professor, porque o aluno ou acerta ou erra.

Consideradas matematicamente as combinações da adição, isto é, as obtidas pela soma de dois dígitos quaisquer, são em número de 45, porque, por exemplo, 6 + 7 e 7 + 6 constituem uma única combinação, pois a quantidade positiva não se altera.

Do ponto de vista da psicologia infantil, porém, as combinações da adição são realmente 100, porque nela se incluem as combinações com zero, que a criança considera como fatos distintos e, por outro lado, 6 + 7 e 7 + 6, por exemplo, não são compreendidos por ela como a mesma combinação, porquanto ela pode perfeitamente conhecer a primeira e desconhecer a segunda.

Quando o professor deseja ensinar determinada combinação, seja 7 + 5, poderá seguir o seguinte processo: apresentar inicialmente o total 12 como um grupo inteiro de material concreto, como sejam 12 crianças. Fazer, em seguida, a classe verificar quantas crianças formam o grupo, levando um dos alunos a contar o total para descobrir que são 12. Note-se que a contagem deverá apenas ser empregada neste estágio, quando é apresentado o grupo, e nunca na ocasião de se efetuar a soma 7 + 5. Continuando, o professor separará o grupo de 12 em dois outros menores de 7 e 5, para que os alunos compreendam que estes dois grupos juntos ou somados darão o total 12. Nesta ocasião, poderão ser feitas perguntas como estas: Quantas crianças vocês disseram que havia ao todo? E agora, quantas há neste grupo? E no outro? Portanto, 7 crianças e 5 crianças quantas são ao todo?

Fonte: INEP, Ministério da Educação e Saúde, 1952, Publicação n. 71: *Matemática no Curso Primário: Sugestões para organização e desenvolvimento de programas (Estudo preliminar)*, seleções das páginas 9 a 16.

Observa-se nos trechos selecionados que os objetivos específicos destacam sobremaneira a rapidez, exatidão, rigor e precisão, e que a metodologia enfatiza a percepção e a memória como principais responsáveis pela aprendizagem, sem considerar a compreensão. A sequência numérica é ampliada por etapas, independentemente do conhecimento prévio do aluno.

Quanto às operações, o trabalho era apoiado nas técnicas operatórias e na simples memorização de resultados. O conceito de operação e suas propriedades não eram enfatizados. Por exemplo, a ideia de adição é ensinada de modo independente da ideia de subtração, embora a proposta indique ser vantajoso memorizar as adições e subtrações ao mesmo tempo. Num ensino voltado para a compreensão dos conceitos, seria importante que os alunos compreendessem a relação inversa que existe entre adição e subtração. Também não se atribui à criança a possibilidade de compreender a comutatividade. Embora se recomende que os fatos sejam ensinados em pares — por exemplo, 5 + 7 e 7 + 5 ao mesmo tempo —, a proposta pressupõe que a criança não tem condições de compreender que esse fato é, no fundo, o mesmo: a professora deve levar a criança a memorizar ambos, ao invés de levá-la a compreender a comutatividade da adição.

No entanto, a proposta continha observações interessantes a respeito dos problemas que deveriam ser propostos aos alunos. Os problemas deveriam, por exemplo:

- apresentar dados da vida real, não empregando dados absurdos;
- ser familiares à criança e variados na forma e no conteúdo;
- ser apresentados em linguagem clara, precisa e acessível.

Apesar dessas sugestões, os livros didáticos da época propunham problemas mais na perspectiva de aplicação das técnicas operatórias do que de desenvolver a compreensão do significado das operações. Os problemas eram apresentados apenas no final da unidade.

Não havia preocupação em justificar os porquês das técnicas operatórias. As técnicas operatórias, embora sejam instrumentos simbólicos, eram tratadas como objetos, como se fossem calculadoras, sem qualquer preocupação em mostrar os princípios nos quais as próprias técnicas se baseavam. Observe-se, no Quadro 1.6, a sugestão metodológica para o ensino da subtração com reserva.

quadro 1.6

O ensino da subtração com reserva

Para o ensino desse tipo de subtração, o professor poderá usar um dos seguintes processos:

a) processo de decomposição, vulgarmente chamado de "pedir emprestado", no qual se decompõem o minuendo e o subtraendo, de modo que aquele fique sempre maior que o subtraendo. Armando a conta, por exemplo:

72 –
37

a criança dirá: de 2 não posso tirar 7; desse modo, preciso pedir emprestado uma dezena da casa ao lado; agora ficarei com 12, em vez de 2; de 12 tirando 7 sobram 5; o vizinho (7 dezenas) ficou valendo 6 (6 dezenas) porque emprestou uma assim, 6 menos 3 são 3. Então 72 – 37 = 35.

b) o processo das adições iguais, em que se parte do princípio segundo o qual, adicionando-se o mesmo número ao subtraendo e ao minuendo, o resultado não se altera. Assim a criança tendo que efetuar a subtração 72 – 37 dirá: de 2 não posso tirar 7; então adiciono 10 unidades ao 2 e terei 12; de 12 tirando 7 restam 5; (ou 7 para 12 faltam 5) agora adiciono uma dezena às 3 dezenas do subtraendo, ficam 4; de 7 tirando 4 terei 3 (ou 4 para 7 faltam 3). Então 72 – 37 = 35.

c) o processo "austríaco", em que a subtração é feita pela soma.
Para resolver a subtração 72 – 37 o aluno dirá: 7 e 5 são 12; vai 1; 3 e 1, 4; 4 e 3 são 7.

Fonte: INEP, Ministério da Educação e Saúde, 1952, Publicação n. 71: *Matemática no Curso Primário: Sugestões para organização e desenvolvimento de programas (Estudo preliminar)*, seleções das páginas 32-33.

Observe-se que a orientação metodológica não busca considerar qual o processo mais simples ou mais compreensível à criança; recomenda-se, apenas, que o professor investigue qual o processo aprendido pelos alunos para resolver a adição com reserva, e procure utilizar um processo semelhante no ensino da subtração com reserva.

Uma análise da proposta do INEP revela que o questionamento Piagetiano sobre a compreensão que a criança tem da ideia de número e operações não havia ainda penetrado nas diretrizes oferecidas para o planejamento escolar no Brasil em 1952. Portanto, o conceito de número aparece restrito à contagem e escrita de números e o de operações à memorização de fatos e execução de técnicas. A ideia de que a criança possa compreender os princípios subjacentes às operações também não está presente nessas sugestões. As técnicas de cálculo são tratadas como "rotinas a serem executadas": o aluno "dirá...". De uma certa forma, essas técnicas são tratadas como botões de uma calculadora: não há o que compreender mas apenas o que repetir e executar.

A partir dos meados de 1970 começam a surgir as preocupações com a relação entre desenvolvimento e educação: começam a surgir referências ao conceito de número, às concepções do sistema decimal, e aos conceitos das operações. O Material Dourado foi então amplamente divulgado pelas Secretarias de Educação, mostrando a preocupação com a compreensão das ideias de trocas e agrupamentos como noções básicas no sistema de numeração: dez unidades são trocadas por uma dezena, dez dezenas por uma centena etc. Surge a ênfase na compreensão das técnicas operatórias, que são ensinadas a partir da representação dos números escritos.

Porém, o conceito de adição continua desvinculado do de subtração, surgindo inclusive algumas propostas em que a multiplicação como adição repetida é ensinada logo após a adição e antes da subtração, porque o conceito de multiplicação é considerado como mais estreitamente relacionado ao de adição do que o conceito de subtração. O Quadro 1.7 mostra o Material Dourado e sugestões para seu uso no ensino da subtração com reserva.

quadro 1.7

O material dourado no ensino da subtração com reserva

Decompondo a dezena para subtrair

Escreva no quadro-negro: 395 – 176.

Peça que utilizem o ábaco de papel [uma versão do material dourado] e as fichas para descobrirem o resultado.

Uma vez percebido que existe uma dificuldade, interrompa o trabalho e peça que contem o que descobriram: de 5 não dá para tirar 6!**

Em seguida, diga que, apesar disso, é possível calcular o resultado de 395 – 176 e que você vai orientá-los para descobrirem como fazê-lo.

1ª ação: Solicite aos alunos que representem o número 395 no ábaco de papel, utilizando as fichas.
2ª ação: A seguir, pergunte se não é possível trocar algumas fichas que estão no ábaco de maneira que a quantidade resultante de fichas pequenas permita tirar 6.
Discuta com eles por que a solução é trocar uma ficha média (1 dezena) por dez fichas pequenas (10 unidades).
3ª ação: Em seguida, pergunte o que devem fazer para mostrar que estão tirando 176 de 395. Discuta por que tiraram 1 ficha grande, 7 médias e 6 pequenas.
4ª ação: Peça que leiam quanto restou no ábaco, escrevendo o número em questão.
Terminado o trabalho com o ábaco, represente, no quadro-negro, as escritas numéricas que correspondem às ações executadas.

** Observe-se que esta afirmativa, "de 5 não dá para tirar 6", resulta da própria escolha da técnica operatória a partir dos números escritos. Outros procedimentos alternativos não colocariam o aluno nesta situação. Por exemplo: poder-se-ia começar a subtração retirando 100 de 395, restando 295; a seguir, pode-se retirar 70 de 295, ficando 225; finalmente, tiramos 6 de 225, restando 219. Esse procedimento, mais semelhante ao raciocínio que faríamos oralmente, em nenhum momento leva à afirmativa "de 5 não dá para tirar 6", pois o 5 não existe isoladamente.

Esse período também testemunha a assimilação das ideias de Piaget no cenário educacional brasileiro, sendo enfatizada a conservação das igualdades como um dos marcos da compreensão da ideia de número pela criança. Como em outros países no mundo, as ideias de Piaget provocaram novas discussões sobre o que deve ser ensinado nas primeiras séries no ensino fundamental no Brasil, inicialmente transformando-se os conceitos descritos por Piaget como constituidores da ideia de número — conservação das igualdades, seriação e inclusão de classes — em pré-requisitos da aprendizagem e, portanto, conteúdos da instrução pré-escolar.

A partir do final da década de 80, começaram a ser discutidas no Brasil novas perspectivas sobre o desenvolvimento dos conceitos de número e operações. Essas ideias consideravam as experiências que os alunos têm fora da sala de aula com problemas numéricos. Observou-se que muitos alunos, principalmente os da camada popular, que participam da economia informal (lavando carros, carregando cestas e trabalhando em bancas na feira, vendendo pipoca e chocolate em pontos de ônibus etc.) têm maior experiência com a aritmética oral fora da sala de aula do que com a aritmética escrita da sala de aula. Procurou-se analisar os conceitos que os alunos desenvolvem através dessas experiências e sua relação com aprendizagem escolar (para maiores detalhes, ver Carraher, Carraher e Schliemann, 1988). Considerou-se também a necessidade de se promover na escola o desenvolvimento dos conceitos de sistemas de numeração e operações, não somente a transmissão das técnicas de computação.

Essas novas ideias constituem o quadro teórico de referência deste livro e serão discutidas nos próximos capítulos. Sugere-se que, ao concluir os trabalhos de estudo dos próximos capítulos, as propostas atuais para o ensino da matemática nas primeiras séries do ensino fundamental sejam analisadas criticamente, assim como o foram as propostas anteriores ao longo deste capítulo.

em resumo

- a visão sociocultural de inteligência propõe que a escola participe do processo de desenvolvimento da inteligência da criança ao lhe oferecer acesso a instrumentos e objetos simbólicos, como sistemas de numeração, que amplificam sua capacidade de registrar quantidades, lembrar e solucionar problemas;
- para utilizar eficazmente esses instrumentos amplificadores de suas capacidades, o aluno precisa compreender tanto as ideias básicas que eles representam — por exemplo, a ideia de número — como a lógica e a organização do próprio instrumento (no caso do sistema de numeração que usamos, o aluno precisa compreender a composição aditiva de número e a ideia de unidades com valores diferentes);
- a compreensão desses conceitos básicos não é um pré-requisito para a aprendizagem: ela se desenvolve à medida que a criança pensa e resolve problemas, e deve ser incluída entre os objetivos do ensino;
- os objetivos e métodos educacionais propostos em qualquer cultura num momento histórico dependem da visão que se tem da relação entre educação e desenvolvimento, entre outros fatores. Nas propostas para o ensino de números e operações na educação fundamental no Brasil podem ser identificadas distintas formas de focalizar essa relação nos últimos 50 anos;
- o professor, como um profissional que trabalha a partir de evidências, precisa identificar maneiras de avaliar a compreensão que a criança tem de número e do sistema de numeração e planejar atividades para promover essa compreensão em sala de aula; esse capítulo contém sugestões de atividades que podem ser utilizadas na avaliação e no ensino;
- o professor dispõe de meios para avaliar seu próprio sucesso ao ensinar as propostas curriculares que lhe são apresentadas; o professor reflexivo utiliza esses meios e busca aprimorar sua ação pedagógica, podendo, através da sistematização de suas observações e trocas de experiências, vir a contribuir para o desenvolvimento das ideias e práticas na educação.

atividades sugeridas para a formação do professor

1 Usando as tarefas descritas no capítulo, coletar observações trabalhando com crianças de 5 a 7 anos de idade. Fazer tabelas e gráficos resumindo os resultados obtidos pelos diferentes professores, comparando o desempenho das crianças de diferentes faixas etárias.

2 Propor atividades para desenvolver o conceito de composição aditiva dos alunos que ainda não atingiram esse conceito. Implementar a atividade com algumas crianças, avaliando seu desempenho no mercadinho antes e depois de terem participado das atividades. Escrever um relatório sobre essa experiência.

3 Administrar a avaliação escrita da compreensão da composição aditiva a uma classe de alunos de 6 anos. Administrar a tarefa do mercadinho a uma amostra de crianças da mesma classe. Administrar também uma tarefa de representação de números com o material dourado a uma amostra de crianças. Anotar os métodos utilizados pelas crianças para resolução dos problemas no mercadinho e usando o material dourado. Analisar criticamente os resultados, considerando questões como a possibilidade de generalização das estratégias usadas pelas crianças fora da sala de aula.

4 Comparar as propostas contidas neste capítulo com outras propostas para o ensino do sistema de numeração, considerando os princípios sobre os quais as propostas estão baseadas.

CAPÍTULO 2

As estruturas aditivas: avaliando e promovendo o desenvolvimento dos conceitos de adição e subtração em sala de aula

Objetivos ▪ analisar a origem dos conceitos de adição e subtração ▪ descrever brevemente o desenvolvimento das estruturas aditivas no período de 5 a 9 anos ▪ oferecer instrumentos para a avaliação do aluno quanto a seu desenvolvimento na compreensão das estruturas aditivas ▪ discutir uma nova abordagem no ensino desses conceitos, em que os dois aparecem integrados como estruturas aditivas ▪ apresentar modelos de atividades criadas com a finalidade de desenvolver a compreensão das estruturas aditivas.

A origem dos conceitos de adição e subtração

Dentre as mais importantes contribuições de Piaget para a educação matemática está sua teoria de que a compreensão das operações aritméticas tem origem nos *esquemas de ação* das crianças. O termo "esquema" é utilizado em psicologia com um significado semelhante àquele usado na vida quotidiana: um esquema é uma representação em que aparece apenas o essencial daquilo que é representado; os detalhes não aparecem. Por exemplo, podemos fazer um esquema de um capítulo, isto é, anotar apenas as ideias principais do autor. Um esquema de ação é constituído por uma representação da ação em que apenas os aspectos essenciais *da ação* aparecem: não importam, por exemplo, os objetos sobre os quais a ação foi executada.

Os esquemas de ação a partir dos quais a criança começa a compreender a adição e a subtração são representações das ações de juntar e retirar, respectivamente. Esses esquemas permitem à criança resolver, de modo prático, questões sobre adição e subtração. Se pedirmos a uma criança de 5 ou 6 anos que "Imagine que ela tinha 3 bombons e sua avó lhe deu mais 2; com quantos ela ficou?", a criança provavelmente vai usar os dedos para representar os bombons, esticando 3 dedos de uma das mãos, 2 da outra, depois vai contar os dedos em sequência, e responder "cinco bombons". Essa solução é obtida por meio de um esquema de ação: o esquema de juntar. Chamamos essa forma de resolução do problema de "esquema de ação" porque a criança não estava contando bombons — estava contando seus dedos como representação dos bombons. Portanto, o que a criança considerou foi a ação, não os objetos que ela usou para resolver o problema. Esse esquema de ação pode ser expresso por uma afirmativa, que provavelmente a criança compreende apenas de modo implícito, sem ser capaz de verbalizar: o todo é igual à soma das partes. Como a compreensão da criança se mostra em suas ações, sem que a criança saiba explicar oralmente, o psicólogo francês Gérard Vergnaud chamou essa forma de conhecimento de "teoremas em ação". Ao longo dos diversos capítulos deste livro estaremos tentando identificar os teoremas em ação usados pelas crianças porque os teoremas em ação constituem o conhecimento matemático que as crianças desenvolvem em sua vida diária. Esse conhecimento formado a partir da experiência quotidiana é a base sobre a qual o ensino de matemática deve ser construído.

Podemos observar um comportamento semelhante em resolução de problemas quando apresentamos a crianças de 5 ou 6 anos um problema de subtração: "Imagine que você tinha 4 bombons e comeu 3; com quantos você ficou?". Num problema como esse, a criança estica 4 dedos, depois cobre 3 com a outra mão, e verifica que o resultado é 1. Novamente, a criança utiliza os dedos para resolver o problema, mas sua resposta vai ser "um bombom", e não "um dedo". Ela terá usado o esquema de ação de retirar. Seu "teorema em ação", implícito na solução do problema, pode ser resumido pela afirmativa: se tiramos uma parte de um todo, sobra a outra parte.

Na solução de problemas simples de adição e subtração, como esses, a criança usa um esquema de ação porque as relações parte-todo podem ser aplicadas a qualquer objeto — os dedos, tracinhos no papel, blocos. O objeto usado não importa, o que importa é a ação e seu resultado. A criança sabe, implicitamente, que o resultado obtido com os dedos, os tracinhos, os blocos etc. é o mesmo que seria obtido se ela tivesse os bombons em suas mãos. Esse tipo de solução, usando os dedos, costuma ser classificado como "pensamento concreto". No entanto, não nos devemos confundir quanto ao significado dessa expressão, pois "pensamento concreto" não significa que a criança é incapaz de abstrações. Na verdade, o que a criança demonstra claramente com esse comportamento é sua capacidade de abstração e generalização: ela sabe que o resultado obtido com um símbolo — porque os tracinhos, blocos, dedos são nesse caso símbolos representando os bombons — é o mesmo que seria obtido se ela estivesse contando os próprios bombons.

Além de usar símbolos para representar os bombons, a criança também utiliza *um instrumento simbólico*, o sistema de numeração, para quantificar sua resposta. O psicólogo russo Lev Vygotsky dava grande importância a essa coordenação entre a atividade prática e os sistemas simbólicos. Segundo Vygotsky, quando a criança se torna capaz de usar os sistemas de símbolos para registrar eventos, lembrar e pensar sobre eles, inicia-se um novo processo de desenvolvimento, que ele considerava essencialmente humano e social (Vygotsky, 1978). Esse é um tema ao qual voltaremos diversas vezes no decorrer desse livro porque uma das funções mais significativas da educação matemática é promover a coordenação dos esquemas de ação e de raciocínio que a criança desenvolve fora da sala de aula com as representações que fazem parte da cultura matemática.

A criança que já compreende a possibilidade de coordenar a resolução prática de problemas, obtida através de seus esquemas de ação, e o sistema de numeração já está começando a "aprender matemática", isto é, a usar os instrumentos e símbolos da matemática para resolver problemas.

Em resumo, as crianças desenvolvem na vida diária esquemas de ação que elas usam para resolver problemas simples de matemática. Esses esquemas de ação precisam ser coordenados com o sistema de numeração para que a criança possa resolver mesmo os mais simples problemas de adição e subtração. Sem coordenar os esquemas de ação com o sistema de numeração, a criança não poderá dar uma resposta numérica aos problemas. Portanto, a origem dos conceitos mais simples de adição e subtração requer a coordenação entre os esquemas de ação e os sistemas de sinais culturalmente desenvolvidos — nesse caso, o sistema numérico é usado para contar.

O desenvolvimento dos esquemas de ação e a formação dos conceitos operatórios de adição e subtração

Ao ingressar na primeira série, a grande maioria das crianças já tem a capacidade de coordenar os esquemas de juntar e separar com a contagem e, por isso, consegue resolver uma diversidade de problemas que envolvem as relações entre o todo e suas partes. Alguns exemplos estão apresentados na Figura 2.1.

figura 2.1

Problemas simples de relações entre o todo e suas partes

PROB 1: Paula tinha 5 flores. Depois sua mãe lhe deu 8 flores. Quantas flores Paula tem agora?
PROB 2: Otávio tinha 12 flores. Deu 2 dessas flores para sua mãe. Quantas flores Otávio tem agora?
PROB 3: Num tanque havia 6 peixes vermelhos e 7 peixes amarelos. Quantos peixes havia no tanque?

Percentagem de acerto por série em cada problema

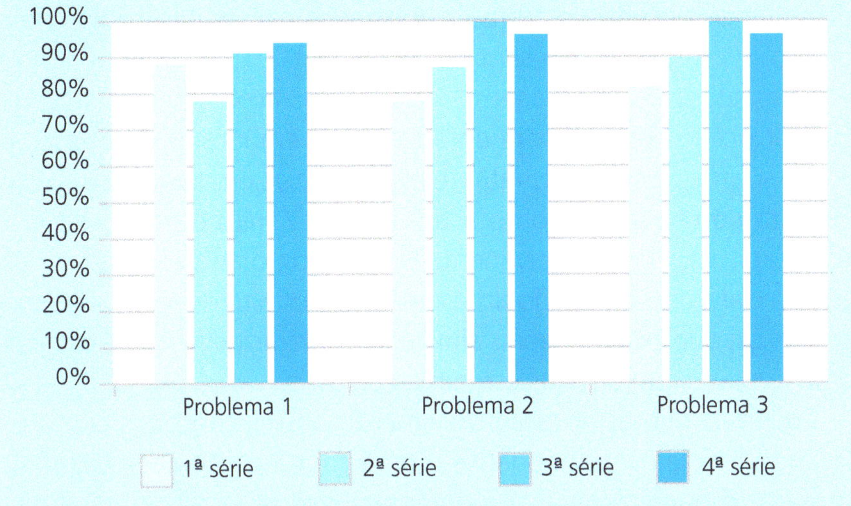

Os problemas da Figura 2.1 foram aplicados a alunos da primeira à quarta série de escolas públicas no estado de São Paulo. Os alunos foram entrevistados individualmente por uma professora de sua escola. O gráfico apresenta as percentagens de acertos em cada problema por série.

No problema 1 temos uma quantidade inicial, à qual acrescentamos uma outra quantidade, e perguntamos à criança qual é o resultado. Para resolver o problema, os alunos precisam somente coordenar o esquema de juntar com a contagem. No problema 2, também começamos com uma quantidade inicial; retiramos dela uma segunda quantidade, e perguntamos à criança qual é o resultado. Aqui os alunos precisam usar o esquema de retirar, em coordenação com a contagem. Finalmente, no problema 3 duas partes formam um todo; perguntamos aos alunos qual o total. Novamente, basta que os alunos utilizem o esquema de juntar coordenado com a contagem para resolver o problema.

Observe-se que o índice de acerto nesses problemas foi superior a 80% desde a primeira série, indicando que os alunos não têm dificuldade de compreender essas situações-problema. Isso significa que, desde a primeira série, os alunos já são capazes de usar os esquemas de ação em coordenação com a contagem para resolver problemas de aritmética.

Apesar de não observarmos aumento significativo nos índices de acerto nesses problemas entre a primeira e a quarta série, isso não significa que o conceito de adição e subtração não se desenvolva nesse período. As situações apresentadas na Figura 2.1 são as mais simples dentre as situações que exigem "raciocínio aditivo". Usamos a expressão "raciocínio aditivo" para enfatizar que, embora as operações de soma e subtração sejam distintas, elas estão relacionadas a uma mesma estrutura de raciocínio, como ficará cada vez mais claro no decorrer desse capítulo. O desenvolvimento do raciocínio aditivo pode ser observado claramente quando apresentamos aos alunos problemas mais complexos, que exigem que os alunos utilizem raciocínios que vão além da aplicação direta de seus esquemas de ação.

Podemos pensar no desenvolvimento desses conceitos como envolvendo três fases, relacionadas a uma coordenação cada vez maior entre três esquemas de ação diferentes ligados ao raciocínio aditivo. Essas fases não esgotam a descrição do desenvolvimento do raciocínio aditivo, pois não consideram, por exemplo, a questão dos números inteiros, tema que será tratado em outro capítulo. No entanto, elas nos auxiliam na delineação de um programa de avaliação e ensino de matemática relacionado ao raciocínio aditivo e aos números naturais.

Na primeira fase do desenvolvimento da compreensão da adição e da subtração, as crianças usam seus esquemas de ação apenas de maneira direta e independentemente um do outro. Se, por exemplo, descrevermos uma situação em que se acrescenta algo a uma quantidade, e perguntarmos às crianças não o resultado da adição, mas o valor da quantia que foi acrescentada, as crianças não mostram índices de acerto tão elevados. Na verdade, seu desempenho é significativamente inferior nas séries iniciais, observando-se progresso ao longo do ensino fundamental. A Figura 2.2 mostra dois problemas em que a aplicação direta do esquema de ação não leva à resolução do problema e as percentagens de acerto por série. As crianças que participaram dessa avaliação são as mesmas que responderam às questões apresentadas na Figura 2.1.

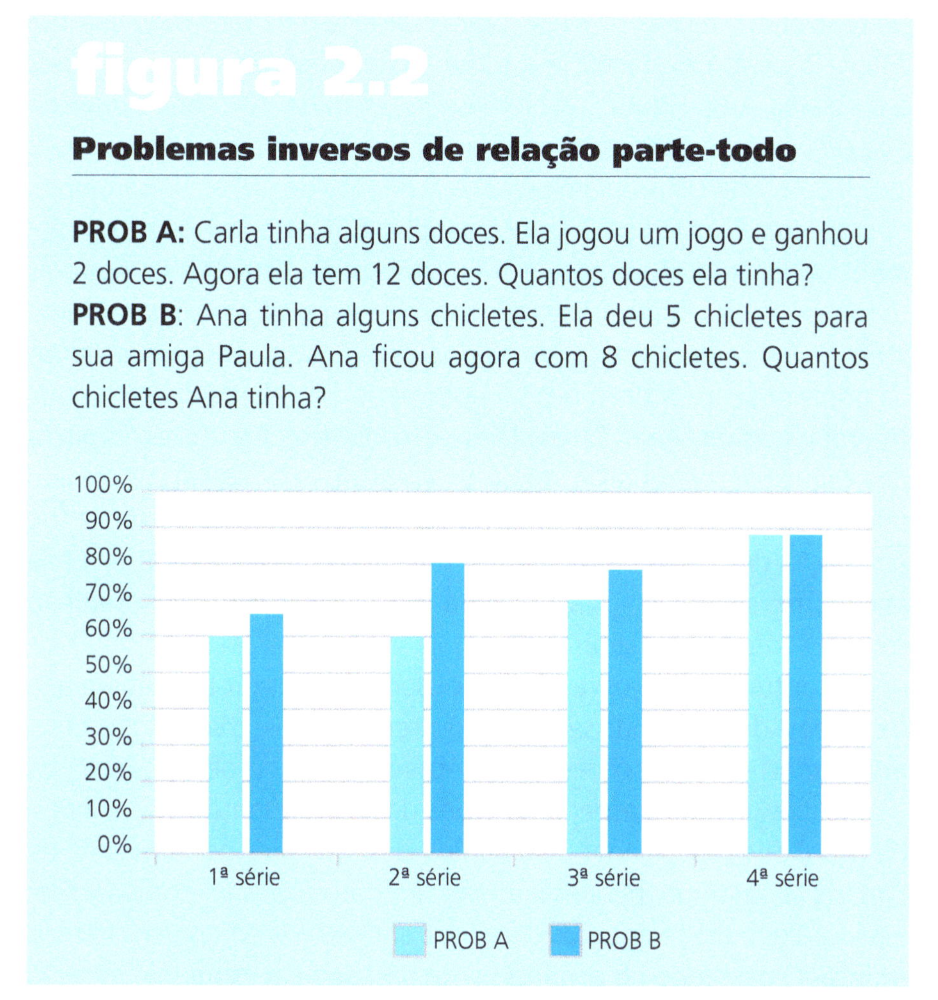

figura 2.2

Problemas inversos de relação parte-todo

PROB A: Carla tinha alguns doces. Ela jogou um jogo e ganhou 2 doces. Agora ela tem 12 doces. Quantos doces ela tinha?

PROB B: Ana tinha alguns chicletes. Ela deu 5 chicletes para sua amiga Paula. Ana ficou agora com 8 chicletes. Quantos chicletes Ana tinha?

Os problemas apresentados na Figura 2.2 são chamados "problemas inversos" porque a situação descrita no problema envolve um esquema de ação, mas a solução exigiria a aplicação do esquema inverso.

No problema A temos a adição como inverso da subtração. Retira-se uma quantidade de outra; dizemos quanto foi retirado e o resto; perguntamos qual era a quantia inicial. Já no problema B aparece a subtração como inverso da adição. Acrescenta-se uma quantidade a outra; dizemos a quantia acrescentada e a final; perguntamos qual foi a quantia inicial.

A diferença entre o excelente desempenho dos alunos nos problemas da Figura 2.1 e seu desempenho nitidamente mais fraco nos problemas da Figura 2.2 não pode ser consequência da dificuldade das continhas. No problema 2 da Figura 2.1, a conta a ser feita para resolver a questão é 12 – 2; essa é exatamente a mesma conta necessária para resolver o problema A da Figura 2.2. No entanto, mais de 80% dos alunos da primeira série responderam corretamente ao problema 2 enquanto o índice de acerto no problema A ficou em torno de 40%. Similarmente, no problema 3 da Figura 2.1, por exemplo, a conta é 6 + 7 e no problema B da Figura 2.2 a conta é 5 + 8. Apesar da semelhança entre as continhas, os resultados mostram uma diferença de aproximadamente 20% no índice de acerto entre os dois problemas, no caso dos alunos da primeira série. A diferença só pode ser explicada pelo fato de que os problemas da Figura 2.1 podem ser resolvidos pela aplicação direta dos esquemas de juntar e retirar enquanto os da Figura 2.2 exigem que o aluno compreenda uma operação como a inversa da outra. A situação do problema A descreve uma ação de acrescentar — Carla ganhou mais doces — mas, como a primeira parcela está ausente, a conta a ser feita é de subtrair.

O contraste entre os resultados observados nos problemas em que o esquema de ação pode ser aplicado diretamente — chamados problemas diretos — e entre os resultados observados nos problemas inversos exemplifica um outro aspecto da teoria de Piaget quanto aos esquemas de ação. Segundo Piaget, as crianças desenvolvem os esquemas de juntar e separar independentemente um do outro, sem compreender a relação que existe entre os dois. Para atingir uma compreensão mais avançada, passando do conhecimento baseado em esquemas de ação para um conceito operatório de adição e subtração, é necessário que o aluno consiga coordenar os dois esquemas, reconhecendo a relação inversa que existe entre adição e subtração.

A *segunda fase* no desenvolvimento do raciocínio aditivo é marcada pela compreensão da relação inversa entre adição e subtração. Uma análise dos resultados da Figura 2.2 sugere que provavelmente menos da metade dos alunos da primeira série compreende a relação inversa entre adição e subtração enquanto que a maioria dos alunos da quarta série (mais de 80%) já compreende essa relação. No entanto, o desenvolvimento do raciocínio aditivo ainda não estará completo no segundo estágio, pois existem problemas que continuam apresentando obstáculos para os alunos.

Os problemas anteriormente discutidos, diretos ou inversos, sempre envolvem uma transformação: ou se acrescenta ou se retira uma quantidade de outra quantidade inicial. Há, porém, problemas aditivos que não envolvem transformações. A Figura 2.3 apresenta um exemplo desses problemas, que são conhecidos como "problemas comparativos".

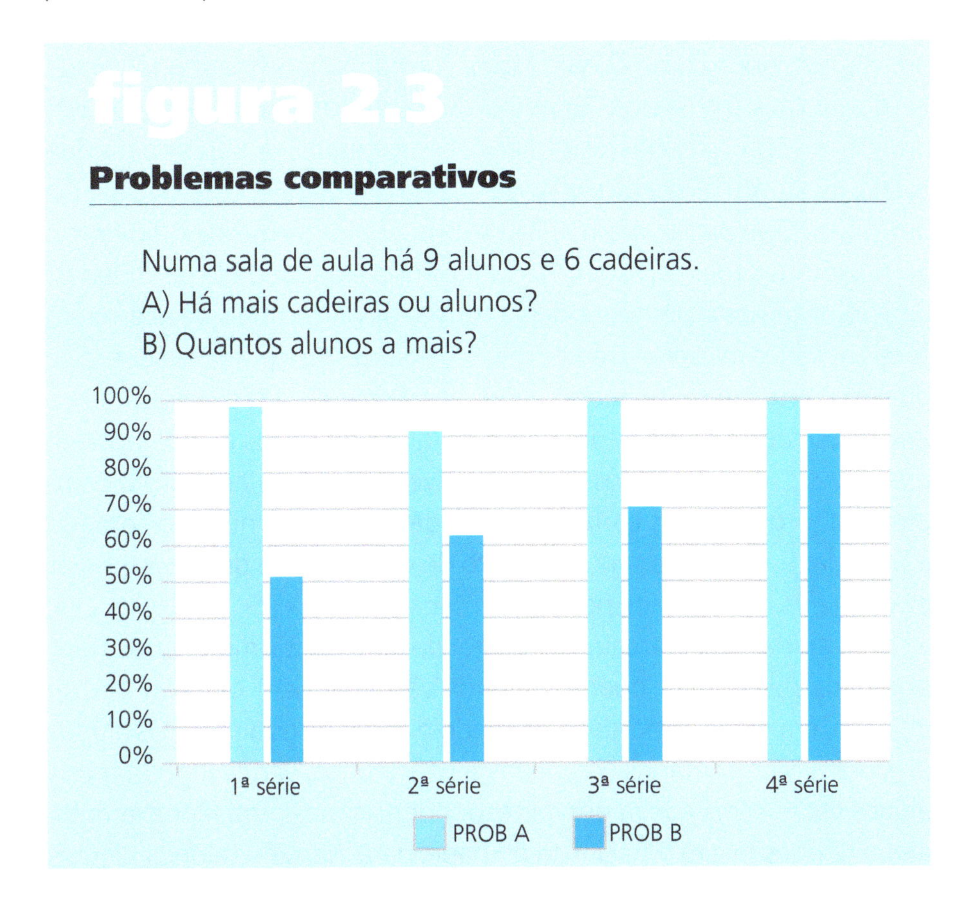

No problema da Figura 2.3, perguntamos inicialmente aos alunos se "há mais alunos ou mais cadeiras". Essa pergunta tem a finalidade de verificar se os alunos compreendem a palavra "mais" em seu sentido comparativo. Vemos que quase todos os alunos respondem corretamente, mostrando conhecer o sentido comparativo de "mais". Porém, quando perguntamos "quantos alunos há a mais do que cadeiras", vemos que os alunos não conseguem quantificar a comparação. Essa dificuldade em quantificar a comparação deve-se a uma série de fatores. O mais importante deles parece ser o fato de que os alunos identificam as ideias de adição e subtração com mudanças nas quantidades. Como nos problemas comparativos não há mudanças nas quantidades, os alunos não conseguem raciocinar de imediato sobre as relações quantitativas envolvidas no problema.

A importância da diferença entre situações que envolvem mudanças na quantidade e aquelas que não envolvem, para o desempenho dos alunos, pode ser testada de uma forma muito simples. Em vez de perguntarmos aos alunos "quantos alunos há a mais do que cadeiras", podemos perguntar-lhes "quantas cadeiras temos de buscar para que todos os alunos possam sentar-se". Essa segunda forma de fazer a pergunta transforma uma questão estática em uma questão dinâmica: ao trazermos cadeiras, estamos modificando a quantidade de cadeiras. Quando fizemos a pergunta dessa forma, os percentuais de acerto em todas as séries mudaram radicalmente, pois desde a primeira série já se observou um índice de acerto superior a 90%. Quando perguntamos "quantas cadeiras temos de buscar para que todos os alunos possam assentar-se", a maioria dos alunos resolve o problema por adição complementar: ou seja, os alunos tentam identificar que número somado a 6 vai dar 9, pois esse será o número de cadeiras que devemos buscar para que os nove alunos possam sentar-se.

Há ainda uma terceira maneira de apresentarmos a questão: podemos perguntar "quantos alunos vão ficar sem cadeira?". Essa questão, em geral, é abordada de modo distinto pelos alunos. Os alunos procuram representar as 6 cadeiras e os 9 alunos, verificando quantos alunos estão sem cadeira por correspondência um-a-um. Por exemplo, alguns alunos fazem 9 tracinhos no papel para indicar os alunos, depois fazem 6 tracinhos para indicar as cadeiras, em correspondência com os primeiros que representavam os alunos, e verificam que há três "alunos" sem"cadeira" (isto é, 3 tracinhos sem correspondência). Essa solução, obtida pelo esquema de correspondência, normalmente leva a respostas certas. O índice de acerto em problemas comparativos apresentados com a pergunta "quantos alunos vão ficar sem cadeira" é superior a 90% desde a primeira série. Ao resolver o problema dessa forma, os alunos estão mostrando que sabem usar um terceiro esquema de ação, o esquema da correspondência um-a-um, para solucionar problemas que na sala de aula são definidos como problemas de raciocínio aditivo. A coordenação desse terceiro esquema com os dois inicialmente discutidos, de juntar e retirar, marca a *terceira fase* no desenvolvimento do conceito operatório de adição e subtração.

Em conclusão, os resultados descritos nas Figuras 2.1, 2.2 e 2.3 mostram que os conceitos de adição e subtração têm origem, como sugeriu Piaget, nos esquemas de ação. Há três esquemas de ação relacionados ao raciocínio aditivo: juntar, retirar, e colocar em correspondência um-a-um. Cada um desses esquemas é usado pela maioria das crianças na vida diária para resolver problemas mesmo antes que elas ingressem na escola. Já na primeira série, o índice de acerto das crianças em problemas diretamente ligados a esses esquemas de ação é superior a 80%. No entanto, isso não significa que a escola não tenha mais nada para ensinar às crianças a fim de promover o desenvolvimento de seu raciocínio aditivo. A maioria dos alunos da primeira série ainda não desenvolveu meios de estabelecer relações entre esses três esquemas de ação e, portanto, não construiu um conceito operatório de adição e subtração.

Portanto, esses estudos sugerem a necessidade de uma mudança nos objetivos educacionais do ensino da matemática no primeiro ciclo do ensino fundamental. Em vez de termos como objetivo ensinar a adição e a subtração, precisamos pensar em promover a coordenação dos três esquemas de ação ligados a esses conceitos. Vimos que o currículo sugerido em 1952 enfatizava o ensino das técnicas operatórias; precisamos agora enfatizar as relações entre esquemas de ação e operações. Esse objetivo vem explicitado nos Parâmetros Curriculares Nacionais (1997), que indicam entre os objetivos do ensino fundamental da matemática "resolver situações-problema, sabendo validar estratégias e resultados, desenvolvendo formas de raciocínio e processos... e utilizando conceitos e procedimentos matemáticos" (p. 51). Cabe, portanto, às professoras do ensino fundamental a tarefa de promover a transformação dos esquemas de ação em conceitos operatórios.

Como veremos no próximo capítulo, enfatizar o raciocínio não significa deixar de lado o cálculo na resolução de problemas: significa calcular compreendendo as propriedades das estruturas aditivas e das operações de adição e subtração.

Avaliando o desenvolvimento da compreensão das estruturas aditivas em sala de aula

Nos currículos e programas das últimas décadas, a professora ensinava a adição e a subtração nas duas primeiras séries, passando dos números de um dígito — essencialmente, a memorização dos "fatos"— para os números com dois e depois três ou mais dígitos. Encerrava-se aí o ensino da adição e da subtração e iniciava-se o ensino da multiplicação e da divisão. No entanto, os exemplos analisados anteriormente mostram que o raciocínio aditivo não foi completamente compreendido pelas crianças no final da segunda série: é provável que apenas metade dos alunos da segunda série tenha atingido a terceira fase no desenvolvimento dos conceitos operatórios ligados às estruturas aditivas. É, pois, indispensável que a professora faça um diagnóstico da compreensão de diversos aspectos das estruturas aditivas entre seus alunos no início do ano a fim de poder planejar trabalhos que promovam a compreensão de novos aspectos em seus alunos. Ao longo do ano, é desejável que a professora reaplique a mesma avaliação, a fim de verificar a eficácia de seu método de ensino. Se o progresso de seus alunos tiver sido muito limitado, é essencial que métodos alternativos sejam considerados pela professora.

Estudos anteriores sugerem que é muito difícil para a professora usar somente sua intuição sobre o que seus alunos sabem ou não para preparar um programa de ensino para o ano escolar. A pesquisadora holandesa Marja van den Heuvel-Panhuizen (1996) solicitou a professores holandeses que estimassem a percentagem de acerto que esperavam de seus alunos em problemas de estrutura aditiva. Ela observou que os professores tinham a tendência de subestimar a compreensão dos alunos das duas primeiras séries e superestimar a compreensão dos alunos a partir da terceira série. Como salienta a pesquisadora Esther Grossi, muitos professores parecem crer, ao menos implicitamente, que os alunos não sabem nada antes de lhes ensinarmos na escola e sabem a maioria do que lhes ensinamos. No entanto, como vimos anteriormente, a maioria dos alunos já sabe algo sobre aritmética antes de ingressar na escola e nem todos já desenvolveram o raciocínio aditivo operatório ao chegarem à quarta série. Não podemos, pois, confiar simplesmente em nossa intuição: precisamos avaliar nossos alunos para conhecê-los melhor.

Antes de passarmos a apresentar algumas sugestões para avaliação, gostaríamos de fazer algumas considerações sobre o papel dessa avaliação. A avaliação na escola tem, frequentemente, apenas a função de examinar o desempenho do aluno. Usamos a avaliação para saber quem estudou ou não, quem compreendeu ou não, quem pode ser aprovado. Nesse livro, estamos considerando a avaliação de um outro ponto de vista: a avaliação como uma busca de evidências que nos ajudem a tomar decisões sobre os objetivos do ensino para um grupo específico de alunos e nos ajudem a conhecer melhor os resultados de nossa ação pedagógica. As avaliações que propomos nesse livro não são, portanto, avaliações dos alunos, com a finalidade de decidir sobre sua capacitação para níveis educacionais posteriores. Nossa proposta é oferecer aos professores instrumentos que lhes permitam descrever o desenvolvimento conceitual de seus alunos a fim de conceber um programa de ensino adequado para eles. Avaliações planejadas com essa finalidade não devem ser usadas como avaliações do aluno nem como avaliações do sistema porque a essas avaliações não podem corresponder notas. Para descrever o desenvolvimento da compreensão das estruturas aditivas, por exemplo, selecionamos problemas que vão desde alguns mais fáceis até outros mais complexos, que esperamos estar além do alcance da classe avaliada. Seria, pois, inadequado desejar transformar os resultados em notas: não há uma noção de "mínimos a alcançar" ou sequer uma concepção de que algum aluno já atingiu 100% dos objetivos da matéria. O que essa avaliação oferece ao professor é uma ideia de onde ele deve começar e dos objetivos que se propõe a alcançar no ano.

O pesquisador holandês Hans Freudenthal propunha que todo conceito matemático esteja ligado a alguma realidade fenomenológica, de onde podemos partir para expandir o conceito do aluno. Há sempre novas possibilidades de expansão do conceito, englobando novos instrumentos de raciocínio, novas realidades fenomenológicas, ou novas relações lógicas e matemáticas. De certa forma, ninguém seria completamente ignorante com relação aos conceitos matemáticos que ensinamos na escola, porque todos temos alguma vivência relevante, algum esquema de ação relevante. Da mesma forma, ninguém esgotaria esses conceitos durante o período escolar, pois poderíamos pensar em outras formas de representação ou outro nível de abstração envolvendo o mesmo conceito. O desafio para o professor é encontrar os pontos de partida e delinear objetivos para o desenvolvimento do conceito durante o ano escolar. À medida que o ano passa, o professor pode descobrir que seus objetivos foram muito modestos — os alunos superam os objetivos com facilidade — ou pode descobrir que não está atingindo seus objetivos. O professor, como profissional reflexivo e que planeja o ensino com base em evidências, buscará então formas de transformar sua sala de aula em função de suas observações.

Para ensinar com base em evidências, é crucial termos instrumentos de *avaliação do desenvolvimento conceitual do aluno*. Se numa prova avaliássemos a classe, por exemplo, em adição e subtração e na prova seguinte avaliássemos a classe em multiplicação e divisão, pouco saberíamos sobre seu progresso conceitual. A fim de analisar o desenvolvimento conceitual dos alunos, precisamos avaliá-los com os mesmos instrumentos em diferentes momentos do ano escolar.

Nas duas últimas décadas, os pesquisadores do Instituto Freudenthal, de modo especial Jan de Lange e Marja van den Heuvel-Panhuizen, vêm desenvolvendo uma abordagem à avaliação educacional que pode ter grande utilidade para o planejamento do ensino de matemática. Essa abordagem consiste em encontrar meios para apresentar aos alunos problemas interessantes que suscitem uma variedade de estratégias de solução e sejam relativamente independentes da habilidade de leitura dos alunos, a fim de não permitir que a avaliação em matemática seja contaminada por outros aspectos da aprendizagem escolar dos alunos. Por isso, os itens são apresentados através de desenhos e as instruções são dadas oralmente. Embora avaliações aplicadas individualmente aos alunos, como as que descrevemos nas Figuras 2.1, 2.2 e 2.3 ofereçam-nos informações valiosas sobre o raciocínio dos alunos, elas são pouco práticas no quotidiano da sala de aula. Os professores não podem passar muito tempo avaliando cada aluno individualmente: eles precisam de instrumentos de aplicação coletiva. Os instrumentos de avaliação descritos nesse livro foram inspirados no formato de avaliação usado pelos pesquisadores do Instituto Freudenthal. Alguns dos itens são muito semelhantes aos usados por aqueles pesquisadores; outros são itens diferentes, que temos utilizado em uma grande variedade de estudos.

Para alguns itens dispomos de resultados obtidos quando essa avaliação da compreensão das estruturas aditivas foi aplicada a 258 alunos de escolas da rede pública de São Paulo. Esses itens são apresentados na Figura 2.4, em que também apresentamos os resultados observados nessa amostra. Um conjunto mais amplo de itens está incluído no Anexo I, contendo itens não utilizados nas avaliações aplicadas em São Paulo. Eles foram incluídos no livro a fim de oferecer um número maior de sugestões ao professor. O desenvolvimento de itens úteis à avaliação não é uma tarefa simples e pode ser útil contar com vários modelos que possam ser utilizados no início do ano e também em ocasiões posteriores, para acompanhamento do progresso da classe. Cabe aos professores desenvolverem redes de comunicação e criar, em colaboração com colegas de diferentes escolas, uma base de dados mais ampla que lhes permita situar melhor o desempenho dos alunos de sua escola.

Ao desenvolver uma avaliação do desenvolvimento conceitual útil e aplicável de forma coletiva, buscamos satisfazer uma série de critérios. Quanto ao planejamento inicial dos itens, observamos quatro critérios principais.

Primeiro, é necessário que a situação-problema possa ser apresentada visualmente, com um mínimo de instruções verbais, para reduzir a influência de fatores irrelevantes ao objetivo da avaliação, como a habilidade de leitura da criança ou sua memória para informações orais. Quando as situações são apresentadas por meio de ilustrações, há menor probabilidade de distorção dos resultados em consequência da influência de fatores irrelevantes.

Segundo, é necessário incluir uma variedade de itens que incluam questões mais simples, mais próximas às experiências do aluno, e que lhe permitam utilizar seus esquemas práticos, bem como questões mais complexas, que envolvam um maior número de operações mentais. Por exemplo, no exame das estruturas aditivas incluímos questões diretas e inversas envolvendo o esquema de juntar. As questões inversas requerem um número maior de operações mentais.

Terceiro, é importante incluir itens que estejam ligados a esquemas práticos distintos e a experiências distintas. No exame das estruturas aditivas, incluímos questões relativas a juntar, separar, e analisar relações estáticas por correspondência.

Quarto, é importante incluir uma variedade de representações, de modo a ampliar a amostra de situações-problema que o aluno pode resolver. No Apêndice I aparecem, por exemplo, problemas em que os elementos a serem somados estão desenhados no problema e outros em que a figura não oferece uma representação de todos os elementos.

Após o planejamento inicial, experimentamos os itens com grupos de alunos. A avaliação foi aplicada por professoras a seus alunos. Esse estudo piloto permitiu-nos receber os comentários das professoras quanto às dificuldades no entendimento das questões observadas em sua classe. Fizemos também uma análise das correlações entre os itens e o total de respostas corretas na avaliação. Se um item avalia a compreensão das estruturas aditivas, ele deve mostrar uma correlação significativa com o total de respostas corretas obtidas pelo aluno.

Finalmente, observamos também se os itens diagnosticam um processo de desenvolvimento. Por exemplo, é importante não incluir na avaliação itens que podem ser respondidos corretamente por acaso, ou por um processo de raciocínio em que dois erros se compensem e levem ao acerto.

O passo final no desenvolvimento da avaliação consiste em aplicar todos os itens a uma amostra mais ampla, obtendo-se gráficos que possam servir como referência para os professores. Esses gráficos mostrarão ao professor em que situação se encontra sua turma no início do ano — se a média da turma está abaixo, acima, ou no mesmo nível da média de nossa amostra — e em que situação ela está no final do ano. Um professor cuja turma já se encontrar acima da média no início do ano não poderá contentar-se com um resultado médio ao final do ano. Além de comparar sua turma com as turmas da mesma série em nosso gráfico, o professor precisa comparar os resultados da própria turma no início e no final do ano. Quanto progresso houve?

Julgamos necessário salientar que nossa amostra foi obtida em duas escolas públicas de São Paulo. Não há qualquer pretensão de se falar em amostragem para o Brasil, o estado de São Paulo, ou mesmo a cidade de São Paulo. Não estamos propondo, nem desejamos propor, um quadro de referência que sirva para qualquer lugar ou para sempre. Na verdade, quanto melhor for o ensino da matemática elementar nos próximos anos, mais defasados estarão esses gráficos. Esperamos que nossos leitores venham a mostrar que esses quadros foram muito pessimistas: que nossas crianças podem alcançar índices muito mais elevados de sucesso. É exatamente porque a educação pode modificar a realidade que o professor precisa ser um profissional que trabalha com base em evidências. À medida que a educação avança, o próprio professor pode modificar seu quadro de referência. Os órgãos oficiais (ministério e secretarias de educação) e as universidades podem contribuir de maneira significativa para o processo de criação e atualização de quadros externos de referência para que os professores disponham de mais informações ao examinarem a eficácia de seus programas de ensino.

figura 2.4

Exemplo 1

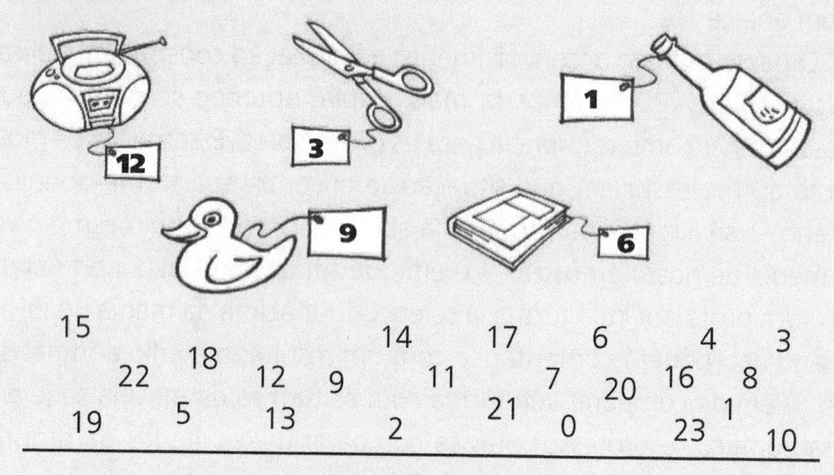

Instruções a serem dadas oralmente:

Marque com uma cruz duas coisas que você quer comprar (espere as crianças marcarem). O preço está marcado na etiqueta. Quantos reais você vai gastar para comprar essas duas coisas? Faça um círculo em volta da resposta.

Percentagem de acertos

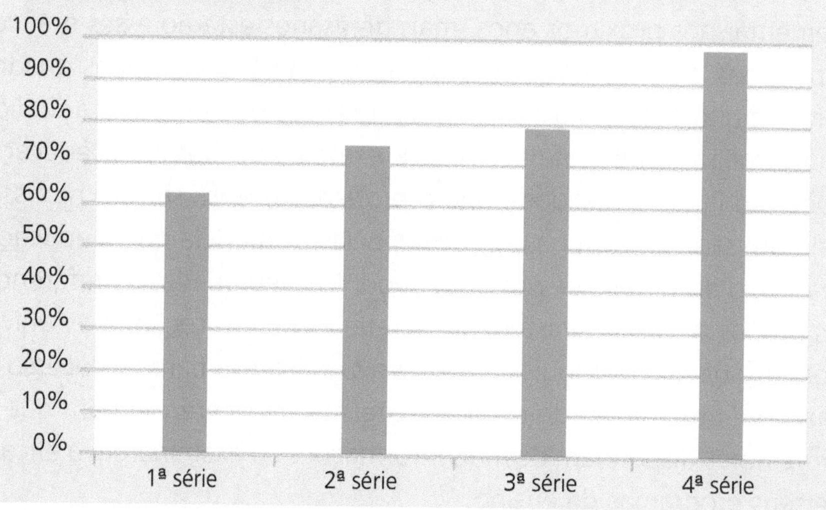

Exemplo 2

Instruções a serem dadas oralmente:

Você tem 9 reais na sua bolsa. Escolha uma coisa que você quer comprar e marque com uma cruz. Com quantos reais você vai ficar? Faça um círculo em volta do número.

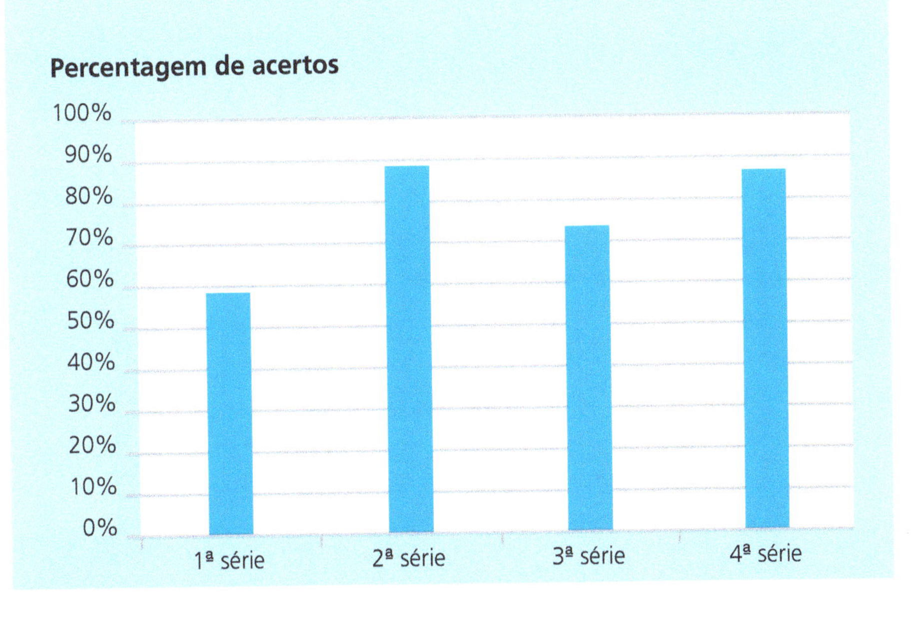

Exemplo 3

Instruções a serem dadas oralmente:

Dois amigos saíram de bicicleta e cada um foi para um lado. A menina pedalou 3 km para um lado. O menino pedalou 5 km para o outro lado. Qual a distância que um teria que percorrer para chegar até o outro? Escreva sua resposta no quadrinho acima.

Percentagem de acertos

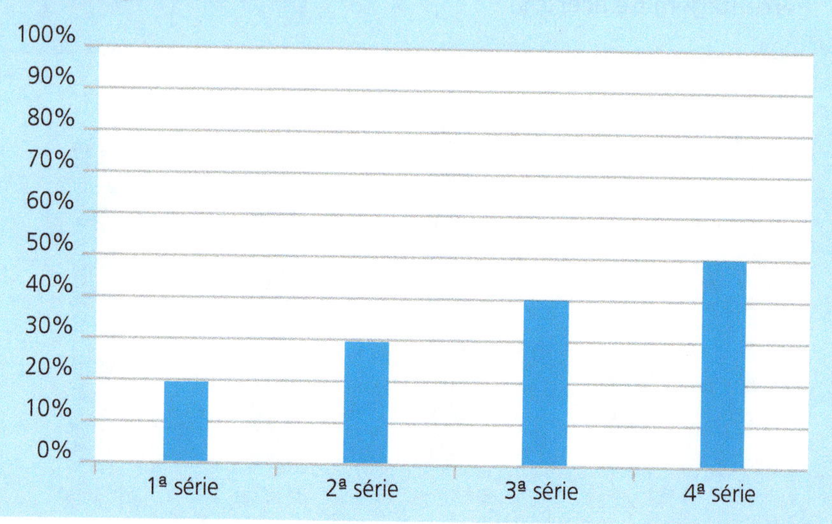

Exemplo 4

Instruções a serem dadas oralmente:

Dois amigos saíram de bicicleta e foram pedalando para o mesmo lado. A menina parou e o menino continuou pedalando. A menina pedalou 2 km. O menino pedalou 6 km. Qual a distância que um teria que percorrer para chegar até o outro? Escreva sua resposta no quadrinho acima.

Percentagem de acertos

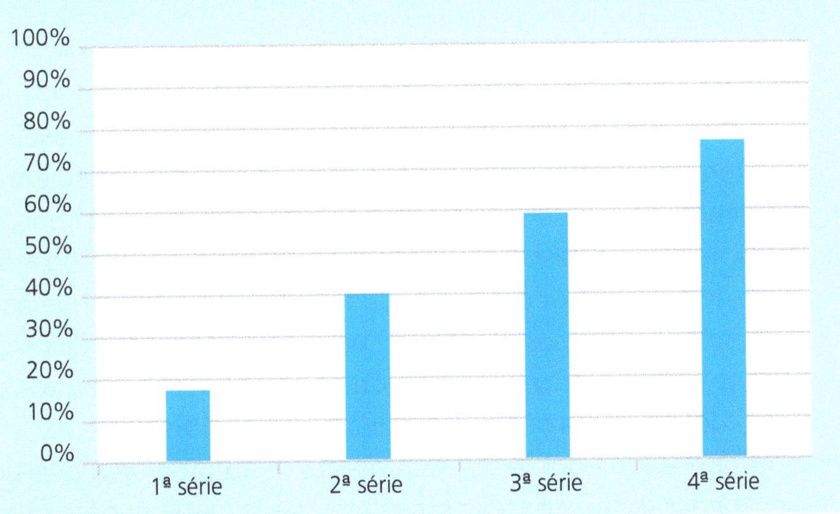

Os quatro exemplos apresentados nesse capítulo incluem dois problemas diretos, adaptados de problemas usados por van den Heuvel-Panhuizen, e dois problemas comparativos. Os resultados obtidos para alunos da primeira série são semelhantes àqueles descritos na literatura técnica para os mesmos tipos de problema. Observe-se, por exemplo, que embora o Exemplo 1 seja um problema de aplicação

direta do esquema de juntar, o índice de acerto é mais baixo do que no problema da mesma estrutura apresentado na Figura 2.1. Como indicamos no capítulo anterior, a aplicação de avaliações coletivamente e usando números escritos sempre mostra um índice de acerto inferior nas classes iniciais. Isso deve ser considerado pelos professores quando estão fazendo seu planejamento: familiarizar os alunos com avaliações dessa natureza pode ser um de seus objetivos iniciais, pois os resultados obtidos posteriormente serão mais fidedignos.

Após obter uma avaliação de sua turma, o professor estará ocupado com o delineamento de um programa para promover o desenvolvimento conceitual de seus alunos. Esse é o assunto da seção seguinte do capítulo 2.

Um programa para promover o desenvolvimento conceitual dos alunos no campo do raciocínio aditivo

Nossa proposta para promover o desenvolvimento do raciocínio aditivo dos alunos na sala de aula contém elementos testados e outros não testados. A investigação educacional envolve muitas variáveis ao mesmo tempo e não é possível considerá-las todas isoladamente e muito menos em suas diversas combinações possíveis. As propostas descritas neste livro baseiam-se em uma variedade de investigações. Algumas delas feitas por outros investigadores mas uma grande parte feita por nós em diversos momentos de nossas carreiras. Alguns dos alunos que participaram em nossos estudos são brasileiros, outros são ingleses. Alguns alunos tinham dificuldades específicas que estávamos tentanto analisar — por exemplo, uma parte do programa que descrevemos no livro foi utilizada com alunos surdos — enquanto outros alunos não apresentavam dificuldades. Por isso, nossas sugestões devem ser interpretadas como modelos de ensino a serem testados. Ao lado dessa nota de cautela, desejamos enfatizar que poucos modelos propostos para o ensino de matemática foram testados empiricamente de tantas formas como esse. Na verdade, a maioria dos modelos não é submetida a investigações antes de chegar à sala de aula.

Nossas sugestões para um programa de ensino com a finalidade de desenvolver o raciocínio aditivo atende a cinco princípios:

Primeiro, os alunos aprendem mais se estão ativamente engajados em resolver problemas e raciocinar do que se sua tarefa consiste em imitar soluções oferecidas pelo professor.

Segundo, o raciocínio aditivo baseia-se na coordenação de três esquemas de ação — juntar, separar e colocar em correspondência — entre si. Portanto, o programa deve conter situações-problema que levem os alunos a utilizar esses três esquemas de ação.

Terceiro, o raciocínio aditivo precisa ser coordenado com o uso de pelo menos dois sistemas de sinais: o sistema de numeração e os sinais + e –, indispensáveis à resolução de problemas com calculadoras. Muitas vezes os alunos sabem resolver um problema sem saber indicar que cálculo deveria ser feito se eles tivessem de usar uma calculadora para resolver a questão. O uso da calculadora se faz mais naturalmente quando os números são maiores e os alunos não sabem resolver o problema "de cabeça". Sugere-se, portanto, que as calculadoras sejam introduzidas na sala de aula à medida que os valores utilizados nos problemas aumentem. Como ficará claro mais tarde nesse capítulo, sugerimos que os alunos trabalhem com retas numéricas na resolução de problemas para que possam explicitar seu próprio raciocínio. Os alunos devem ter ampla oportunidade de examinar alternativas de solução usando a reta numérica e trabalhando com números pequenos antes de serem introduzidos números acima de 100, onde a calculadora poderá tornar-se mais necessária. A partir desse momento, os professores poderão usar diversas formas de coordenar o uso da reta numérica com o uso da calculadora. Uma forma de se fazer essa coordenação é pedir aos alunos que indiquem, após resolver um problema usando a reta numérica, qual a conta que entraria na calculadora para encontrar a resposta.

Quarto, os professores precisam encontrar maneiras de fazer com que os alunos registrem suas estratégias de resolução de problemas para que elas possam ser discutidas, validadas, e comparadas entre si. A explicitação do raciocínio ajuda o aluno a compreender melhor suas próprias estratégias e ajuda o professor na tarefa de oferecer *feedback* e propor situações que levem o aluno a novas formas de abordar o problema.

Finalmente, as tarefas propostas aos alunos devem ser adequadas a seu nível de domínio de outros aspectos da educação. Por exemplo, tarefas criadas para alunos das duas séries iniciais deverão considerar cuidadosamente o nível de conhecimento geral que se pode esperar dos alunos, a fim de não transformar o conteúdo do problema num obstáculo à aprendizagem de matemática. Ao mesmo tempo, as tarefas devem também promover o desenvolvimento educacional do aluno num sentido mais amplo. Por exemplo, os problemas propostos nas aulas de matemática, de modo especial em séries mais avançadas, devem incluir a análise de dados da realidade, tornando o aluno mais consciente de si mesmo e de seu meio. Esse princípio está intimamente relacionado a três dos objetivos gerais do ensino fundamental, articulados nos Parâmetros Curriculares Nacionais: utilizar a matemática para expressar, interpretar e produzir ideias; utilizar fontes de informação e recursos tecnológicos para construir conhecimentos; e questionar a realidade formulando-se problemas e tratando de resolvê-los (p. 9).

As atividades propostas a seguir foram desenvolvidas atendendo a esses princípios. Apresentamos 10 exemplos de situações que podem ser introduzidas na sala de aula e discutimos os objetivos de cada uma. Esses exemplos não constituem um currículo: são exemplos de situações úteis para auxiliar os professores na criação de muitas outras, que oferecerão aos alunos oportunidades para reafirmar seus conhecimentos e analisá-los de outros pontos de vista.

figura 2.5

Exemplo 1

Paulo tem 12 brinquedos. Quatro estão fora da caixa. Os outros estão dentro da caixa. Quantos brinquedos ele tem dentro da caixa?

Esse é um problema relativamente simples mas já requer alguma coordenação entre os esquemas de "juntar" e "retirar". Frequentemente, quando se descreve uma situação em que duas partes formam um todo, os alunos juntam as partes. Nesse caso, eles precisam pensar em retirar a parte que está à vista para saber quantos estão dentro da caixa.

Por ser um problema simples, esse é um bom exemplo para ser utilizado na introdução do método de trabalho. O problema pode ser usado com alunos do pré-escolar e da primeira série, embora muitos dos alunos da primeira série possam achar o problema muito fácil.

Situações mais complexas e apresentadas com menos apoio perceptual podem ser utilizadas para expandir o uso desse raciocínio. Por exemplo, pode-se criar uma situação de lojinha, em que há uma oferta especial: todos os pacotes devem custar 15 reais. Vários objetos com seus preços marcados em números são apresentados através de desenhos. Os alunos devem encontrar entre os objetos aqueles que, agrupados, permitam formar um pacote.

Exemplo 2

Alice está jogando um jogo. Ela estava na casinha 5. Chegou sua vez. Ela jogou o dado e andou com sua peça. Agora ela está na casa 9. Qual foi o número que ela tirou? Escreva sua resposta no quadro acima.

O problema envolve um estado inicial, uma transformação, e um estado final. O dado a ser calculado é a transformação. Nossa escolha de um problema dessa natureza para iniciar a discussão de problemas com parcela ausente deve-se ao fato de que o próprio jogo funciona como uma reta numérica. Isso permite que os alunos usem o jogo para encontrar a resposta e para demonstrar como resolveram o problema.

Alguns alunos do pré-escolar e da primeira série poderão cometer erros de contagem, por exemplo, contando a casinha em que Alice se encontra como parte da transformação. Os próprios alunos poderão discutir se essa forma de contar é correta e por quê.

Se esse comportamento não aparecer entre os alunos, o professor pode provocar a reflexão, dizendo que um outro aluno em outra classe contou dessa forma e encontrou 5 como resposta. A discussão pode ser útil, pois a reta numérica será introduzida mais tarde e os alunos deverão saber como utilizá-la.

Exemplo 3

Carla está jogando. Tirou um 4 e agora está na casinha 13. Em que casinha ela estava antes? Escreva sua resposta no quadro acima.

O problema envolve um estado inicial, uma transformação, e um estado final. O dado a ser calculado é o estado inicial. Nossa sugestão de manter o mesmo tipo de problema deve-se ao fato de que o jogo permite aos alunos continuar a reflexão sobre a reta numérica naturalmente oferecida pelo tabuleiro.

Algumas crianças resolverão o problema contando 4 casinhas para trás, o que pode provocar reflexões sobre as relações entre adição e subtração. Outras poderão tentar adivinhar o ponto de partida e contar para a frente. O professor pode sugerir aos alunos que comparem seus métodos de resolução.

É importante que, ao expandir o uso do raciocínio aditivo, os professores não trabalhem com séries de problemas do mesmo tipo. Quando os alunos resolvem uma série de problemas, todos do mesmo tipo, deixam de raciocinar sobre cada problema e simplesmente imitam as soluções anteriores, criando a ilusão de terem aprendido. Misturar problemas diretos com outros de parcela ausente e ainda outros com o minuendo e o subtraendo ausente é uma boa estratégia, que maximiza a necessidade de pensar sobre cada problema. Ao apresentar vários tipos de problemas misturados, os professores notarão que os alunos têm mais questões, as atividades levam mais tempo, porém não são resolvidas sem reflexão.

Exemplo 4

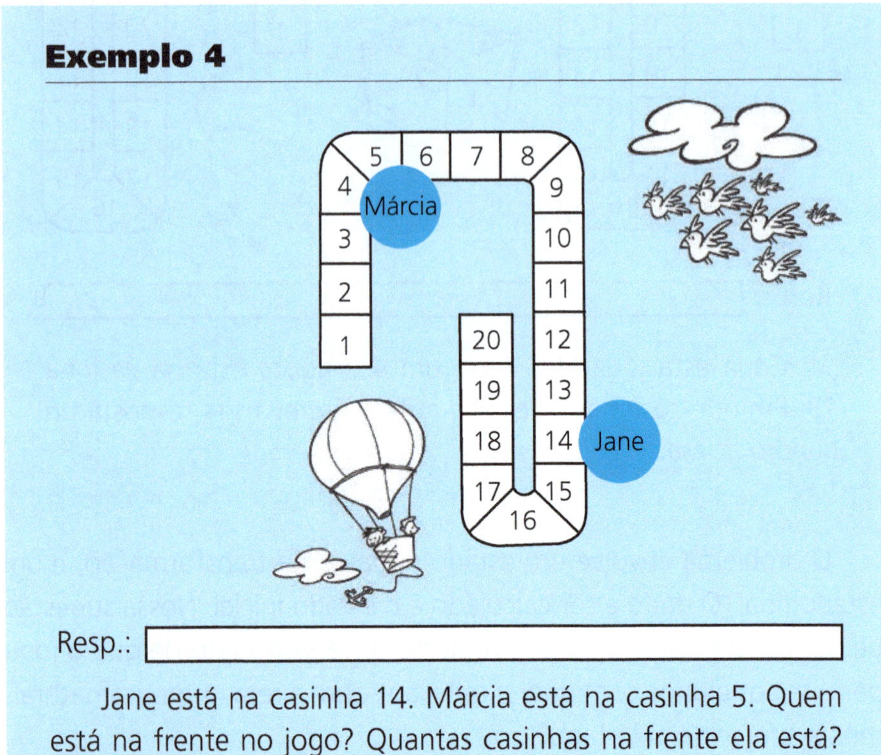

Resp.:

Jane está na casinha 14. Márcia está na casinha 5. Quem está na frente no jogo? Quantas casinhas na frente ela está? Escreva a resposta no quadro acima.

Continuando a usar o jogo como uma reta numérica natural, podemos apresentar aos alunos problemas de comparação. Nesse caso, os alunos comparam a posição das pedrinhas de Jane e Márcia no tabuleiro.

O jogo facilita a introdução de outras maneiras de formular a pergunta para que os alunos verifiquem suas respostas. Por exemplo, um erro comum nesse problema de comparação é dizer que Jane está 14 casinhas na frente. Para provocar maior reflexão, o professor pode perguntar: "Quantas casinhas Márcia precisa avançar para chegar até Jane?" Essa questão, que se refere a uma transformação, em geral leva à resposta certa.

É provável que alguns alunos (embora nem todos) percebam a contradição entre as duas respostas e tentem analisar as duas soluções.

Exemplo 5

Pedro está na casinha 13. Joaquim está na casinha 7. Quem está atrás no jogo? Quantas casinhas atrás ele está? Escreva sua resposta no quadro acima.

Continuando a usar o jogo como uma reta numérica natural, pode-se apresentar aos alunos o problema de comparação que utiliza a formulação contrária à usada no problema anterior. Ao invés de perguntar "quantas casinhas na frente?", pergunta-se "quantas casinhas atrás". A finalidade do uso de dois problemas comparativos com linguagem diferente é levar os alunos a fazerem um contraste entre os dois problemas: embora a linguagem seja diferente, o raciocínio é o mesmo. Se os alunos respondem "7" — o erro equivalente a "14" no problema anterior — o professor pode perguntar: "Quantas casinhas Joaquim precisa avançar para chegar até Pedro?".

Após resolver alguns problemas comparativos, pode-se pedir aos alunos que indiquem diversas maneiras de fazer as perguntas comparativas numa nova situação, sendo que todas devem levar à mesma resposta.

Para expandir esse problema, pode-se apresentar posteriormente outro mais complexo: "Marcos está na casinha 14. Ele está 8 casinhas na frente de João. Onde está a pedra de João?". Ou ainda: "Patrícia está na casinha 9. Ela está 7 casinhas atrás de Ana. Onde está a pedrinha da Ana?"

Exemplo 6

Gina estava na casa 13. Jogou o dado e agora está na 17, que tem o tapete mágico e leva direto ao final do jogo. Qual foi o número que ela tirou? Escreva a resposta no quadro acima. Se ela tivesse tirado um número maior, ela poderia ganhar numa só jogada? Por quê?

Embora esse seja um problema simples, sugerimos sua inclusão por conter uma questão hipotética, que requer que os alunos considerem quais são os números maiores que quatro que Gina poderia tirar nessa situação e onde sua pedrinha iria cair se ela tivesse tirado esses números.

O trabalho com possibilidades, ao invés de dados específicos, constitui um exercício importante, pois nem sempre temos apenas uma solução a considerar em uma situação. Segundo Piaget, um dos aspectos importantes do desenvolvimento cognitivo é a formação da capacidade de pensar sobre possibilidades e analisá-las.

O trabalho com possibilidades pode ser expandido criando-se um jogo de cara ou coroa com duas moedas. O número de casinhas que o jogador avança vai depender da combinação das duas moedas. O professor pode sugerir que os alunos façam uma lista das possibilidades e atribuam valores a essas possibilidades. Apesar desse trabalho parecer muito diferente das situações aditivas, Piaget salienta que a análise das possibilidades inicia-se com a tentativa de se analisar diferentes maneiras de formar todos com as mesmas partes.

Exemplo 7

Sandra tinha alguns doces. Sua avó lhe deu mais 2. Agora ela tem 8. Quantos doces ela tinha antes? Use a linha numérica para mostrar como você encontrou a resposta. Escreva sua resposta no quadro acima.

Após trabalhar com uma linha numérica que surge naturalmente no jogo, os alunos devem começar a utilizar a reta numérica formal. Esse é um instrumento de grande utilidade tanto como instrumento de cálculo, para ser usado pelos alunos, como uma forma de registro do raciocínio dos alunos.

Os pesquisadores do Instituto Freudenthal analisaram o efeito do trabalho com a linha numérica sobre o desenvolvimento do raciocínio aditivo e da habilidade de cálculo e encontraram resultados muito positivos. Em nossos trabalhos anteriores também encontramos resultados positivos, que não se restringiam ao progresso dos alunos: os professores participando de nosso projeto observaram que o uso da reta numérica durante a discussão da resolução de problemas lhes permitia compreender melhor o raciocínio de seus alunos e criava boas oportunidades para discutir algumas propriedades das operações. Por exemplo, se no problema acima uma criança marcava o dois na linha numérica, depois o 8, e depois contava os espaços que mostravam a diferença e outra marcava primeiro o 8, depois contava 2 espaços para trás, determi-

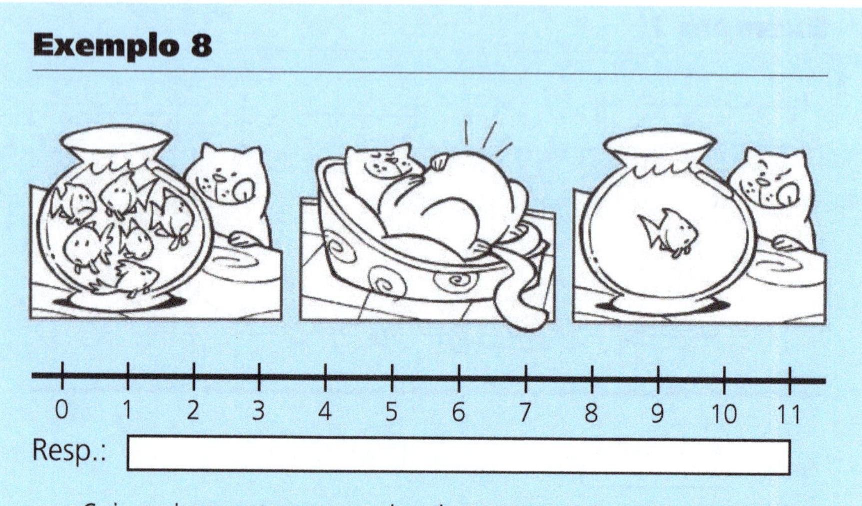

Seis peixes estavam nadando no aquário. O gato comeu alguns. Só ficou um peixe no aquário. Quantos peixes o gato comeu? Use a linha numérica para mostrar como você encontrou a resposta. Escreva sua resposta no quadro acima.

nando a diferença por último, as professoras perguntavam por que a resposta era a mesma, apesar do método ser diferente.

Esse é um problema de subtraendo ausente: os dados apresentados referem-se à situação inicial e à situação final. Um contraste interessante seria entre problemas de subtraendo ausente e problemas de minuendo ausente. Vários problemas devem ser usados, sempre se explorando o uso da reta numérica.

Observe-se que, embora os números usados em nossos exemplos sejam pequenos, a reta numérica permite aos alunos trabalharem com números maiores desde a primeira série.

À medida que os números maiores vão sendo utilizados, os professores podem colocar maior ênfase no sistema decimal: por exemplo, apresentando retas numéricas em que as dezenas estejam marcadas em negrito. Mais tarde, pode-se escrever apenas as dezenas, deixando os tracinhos intermediários sem os números que lhes correspondem. O esquema oferecido aos alunos pode incluir progressivamente menos detalhes. Pode-se, por exemplo, incluir retas que não comecem do zero. Os pesquisadores do Instituto Freudenthal chegam a utilizar retas numéricas vazias, em que o professor apresenta apenas uma linha, e os alunos incluem os números relevantes.

Exemplo 9

Resp.:

A régua de Jorge está quebrada. Ele precisa medir o barbante. Será que ele pode usar essa régua quebrada? Qual seria o tamanho do barbante? Se você souber a resposta, escreva no quadrinho acima.

As medidas constituem uma expansão do uso da contagem: contamos unidades convencionais — nesse caso os centímetros — ao invés de contarmos unidades naturais, quando temos objetos discretos.

Muitos alunos não se dão conta da conexão que existe entre a contagem de objetos e a contagem de unidades convencionais. Numa situação como a apresentada nesse problema, eles tendem a "ler" o tamanho do barbante como 9 centímetros, considerando somente sua extremidade à direita, e não levando em consideração o fato de que a extremidade esquerda do barbante está alinhada com "2 cm". Em nossos estudos anteriores, observamos que, ao introduzirmos uma régua quebrada, a questão da contagem de unidades era mais facilmente analisada, pois os alunos percebem que há um problema a ser resolvido, e tendem a ler o resultado com menor frequência.

Esse problema tem grande utilidade no desenvolvimento do conceito de medidas de comprimento. Outros problemas que podem ser usados para estender esse raciocínio podem ser a "leitura" do peso de pacotes numa balança de dois pratos quando em um dos pratos se coloca, junto com o pacote, um peso cujo valor está indicado em gramas.

Exemplo 10

Jaqueline tem 3 brinquedos. Daniela tem 8 brinquedos. Quem tem mais brinquedos? Quantos brinquedos ela tem a mais? Marque na linha numérica o número de brinquedos de Jaqueline. Marque na linha numérica o número de brinquedos de Daniela. Verifique sua resposta: quantos brinquedos ela tem a mais? Escreva a resposta no quadro acima.

Incluímos aqui um problema comparativo, dessa vez com a reta numérica formal, em contraste com os problemas anteriores, em que o jogo podia ser usado como uma reta numérica natural. Observe que no próprio problema sugere-se uma abordagem para verificar a resposta.

As observações feitas anteriormente com relação aos problemas comparativos aplicam-se também nessa situação: os alunos podem buscar diferentes maneiras de formular a pergunta comparativa, sempre obtendo a mesma resposta. Também é interessante incluir a forma mais complexa de problema comparativo, em que se diz um dos totais e o valor da comparação, perguntando-se qual é o outro total. Por exemplo: Jaqueline tem 5 doces. Ela tem 6 doces a menos do que Daniela. Quantos doces Daniela tem? Os alunos devem ser incentivados a utilizar a reta numérica e explicar suas respostas.

Após ter completado um programa de trabalho com problemas de raciocínio aditivo variados, o professor provavelmente desejará avaliar sua turma novamente. Essa segunda avaliação indicará até que ponto seus esforços para provocar o desenvolvimento do raciocínio aditivo foram eficazes e que tipos de problema continuam causando obstáculos aos alunos. Jaqueline tem 3 brinquedos. Daniela tem 8 brinquedos. Quem tem mais brinquedos? Quantos brinquedos ela tem a mais? Marque na linha numérica o número de brinquedos de Jaqueline. Marque na linha numérica o número de brinquedos de Daniela. Verifique sua resposta: quantos brinquedos ela tem a mais? Escreva a resposta no quadrinho.

Os exemplos deste capítulo mostram que há muitos aspectos do desenvolvimento a serem considerados na construção de um programa de ensino, mesmo quando esse programa é destinado a apenas um tópico, raciocínio aditivo, e ao ensino fundamental. Eles mostram, pois, a importância de formarmos professores que estejam dispostos a observar seus alunos e contribuir para o desenvolvimento do saber pedagógico.

em resumo

- os conceitos de adição e subtração têm origem nos esquemas de ação de juntar, separar e colocar em correspondência um-a-um;
- quando a criança consegue coordenar sua atividade prática com a contagem, ela se torna capaz de resolver problemas simples de adição e subtração;
- os problemas mais complexos de adição e subtração envolvem a coordenação entre os diferentes esquemas de ação relacionados ao raciocínio aditivo; essa coordenação é essencial à construção do conceito operatório de adição e subtração;
- as estruturas aditivas mostram um desenvolvimento nas séries iniciais do ensino fundamental: primeiramente as crianças mostram-se capazes de resolver problemas simples, mais tarde conseguem resolver problemas inversos, e, finalmente, resolvem também problemas sobre relações estáticas;
- a forma de apresentação do problema influencia o nível de sucesso dos alunos; por isso, toda avaliação deve ser vista como uma amostragem da capacidade dos alunos;
- obter uma boa amostragem da capacidade dos alunos não é fácil: não basta formular perguntas; os itens envolvidos numa avaliação do desenvolvimento devem ser cuidadosamente planejados e testados;
- a fim de realizar um ensino baseado em evidências, o professor necessita avaliar o desenvolvimento conceitual de seus alunos antes e depois de implementar programas de ensino;
- os programas precisam levar em consideração o nível inicial dos alunos;
- a eficácia do programa implementado pelo professor pode ser avaliada com base no progresso da classe mas também deve levar em consideração padrões externos, os quais não são fixos e mudam sob a influência do próprio sucesso da educação.

atividades sugeridas para a formação do professor

1 Usando as tarefas apresentadas nas Figuras 2.1, 2.2 e 2.3, avaliar o desempenho de uma criança individualmente.

2 Usando o material apresentado no Anexo 1, analisar o desempenho de uma classe de alunos. As tarefas devem ser aplicadas coletivamente.

3 Usando as tarefas descritas na Figura 2.5, trabalhar com um grupo de três a quatro alunos do primeiro ou segundo ciclo no ensino fundamental. Cada aluno deve resolver o problema individualmente e depois apresentar sua solução ao grupo. Anotar as soluções apresentadas e as discussões surgidas.

4 Criar atividades para expandir o programa formado pelas tarefas da Figura 2.5, testar algumas dessas atividades com um grupo de alunos, apresentar os resultados em forma de relatório oral ou escrito.

CAPÍTULO 3

As estruturas multiplicativas: avaliando e promovendo o desenvolvimento dos conceitos de multiplicação e divisão em sala de aula

Objetivos ■ analisar a origem dos conceitos de multiplicação e divisão ■ descrever brevemente o desenvolvimento das estruturas multiplicativas no período de 5 a 9 anos ■ discutir a representação esquemática de problemas multiplicativos ■ oferecer instrumentos para a avaliação do aluno quanto a seu desenvolvimento na compreensão das estruturas multiplicativas ■ discutir uma nova abordagem no ensino desses conceitos ■ apresentar modelos de atividades criadas com a finalidade de desenvolver a compreensão das estruturas multiplicativas.

A origem dos conceitos de multiplicação e divisão

A prática educacional em muitos países baseia-se no pressuposto de que o conceito de multiplicação tem origem na ideia de adição repetida de parcelas iguais. No entanto, durante os últimos anos, vários autores tem lançado dúvida sobre esse pressuposto e hoje já existe uma alternativa à ideia de se ensinar o conceito de multiplicação como adição repetida. A Associação Japonesa de Educação Matemática (ver Yanomashita e Matsushita, 1996, p. 291), por exemplo, insiste em que os professores devem reconhecer que a conexão entre multiplicação e adição não é conceitual. A relação que existe entre multiplicação e adição está centrada no processo de cálculo da multiplicação: o cálculo da multiplicação pode ser feito usando-se a adição repetida porque a multiplicação é distributiva com relação à adição.

Considerando a importância dessa controvérsia para decisões relativas às diretrizes para o ensino das estruturas multiplicativas, analisaremos nessa primeira sessão do capítulo a origem dos conceitos de multiplicação e divisão. Procuraremos analisar por que hoje se questiona a antiga afirmação "a multiplicação nada mais é que uma adição repetida de parcelas iguais" e qual a hipótese alternativa proposta. A seguir, consideramos brevemente as evidências que apoiam essa nova visão da origem do conceito de multiplicação (para uma discussão detalhada, ver Nunes e Bryant, 1997).

Do ponto de vista conceitual, existe uma diferença significativa entre adição e multiplicação — ou, de maneira mais ampla, entre o raciocínio aditivo e o raciocínio multiplicativo.

O raciocínio aditivo refere-se a situações que podem ser analisadas a partir de um axioma básico: o todo é igual à soma das partes. Essa afirmativa resume a essência do raciocínio aditivo. Se queremos saber qual o valor do todo, somamos as partes; se queremos saber o valor de uma parte, subtraímos a outra parte do todo; se queremos comparar duas quantidades, analisamos que parte da maior quantidade sobra se retiramos dela uma quantia equivalente à outra parte.

Por essa razão, diz-se que o invariante conceitual do raciocínio aditivo é a relação parte-todo.

Em contraste, o invariante conceitual do raciocínio multiplicativo é a existência de uma relação fixa entre duas variáveis (ou duas grandezas ou quantidades). Qualquer situação multiplicativa envolve duas quantidades em relação constante entre si. Vejamos alguns exemplos típicos de problemas de multiplicação.

1. Uma caixa de bombons contém 25 bombons; quantos bombons há em cinco caixas? — As variáveis são números de caixas e números de bombons: a relação fixa entre elas é 25 bombons por caixa.

2. Tânia comprou três metros de fita. Cada metro custa R$1,50. Quanto pagou ao todo? — As duas variáveis são metros e reais; a relação constante é preço por metro.

3. Luiz fabrica queijo. Para cada quilo de queijo ela gasta 13 litros de leite. Essa semana ele fabricou 15 quilos. Quantos litros de leite ele gastou? — As duas variáveis são peso e quantidade de leite; a relação constante é 13 litros de leite por quilo de queijo.

Esses exemplos ilustram a diferença central entre raciocínio aditivo e multiplicativo. Quando resolvemos um problema de raciocínio aditivo, estamos sempre deduzindo algo que está baseado na relação parte-todo. Ao resolver problemas de raciocínio multiplicativo, estamos buscando um valor numa variável que corresponda a um valor dado na outra variável. A relação constante entre as duas variáveis é que possibilita a dedução na resolução de problemas de raciocínio multiplicativo.

Vimos no capítulo anterior que a adição e subtração aparecem originalmente ligadas a três esquemas de ação, juntar, separar e colocar em correspondência um-a-um, e que no raciocínio das crianças pequenas, de 4 e 5 anos, esses esquemas não estão coordenados entre si. O mesmo acontece com o raciocínio multiplicativo: inicialmente a criança não sabe coordenar os esquemas de ação que dão origem aos conceitos de multiplicação e divisão. Que esquemas de ação são esses e como eles se desenvolvem?

A correspondência um-a-muitos. Quando analisamos o comportamento de alunos do pré-escolar e da primeira série, podemos constatar, para surpresa de muitos, que a maioria das crianças de 6 anos já é capaz de resolver problemas práticos de multiplicação. A Figura 3.1 apresenta um exemplo de problema de multiplicação e os resultados obtidos em investigações com crianças inglesas de 5 a 7 anos por uma de nossas colaboradoras, Ekaterina Kornilaki. Kornilaki apresentou o seguinte problema às crianças. Inicialmente ela colocava diante das crianças uma fila de casinhas recortadas em papel colorido e pedia-lhes que imaginassem que em cada casinha moravam três coelhos. No final da rua, há um restaurante onde os coelhos vão almoçar — uma casa recortada em tamanho maior é colocada no final da fileira. A tarefa das crianças era retirar de uma caixa o número de "bolinhas de comida" — representadas por fichas coloridas — exato para que cada coelho pudesse receber uma bolinha. O gráfico da Figura 3.1 mostra a percentagem de respostas corretas observadas entre crianças de cinco, seis e sete anos. Note-se que aproximadamente dois terços das crianças de cinco anos (67%) resolve corretamente esse problema de multiplicação apresentado de maneira prática e que, portanto, lhes permite usar seus esquemas de ação.

figura 3.1

Em cada casinha dessa rua moram 3 coelhinhos. Os coelhinhos vão todos almoçar no restaurante da esquina. Pegue dentro da caixa uma bolinha de comida para cada coelhinho e coloque no restaurante. Mas lembre-se: temos de ter o número certo de bolinhas para cada coelho ganhar uma bolinha e não sobrar nada.

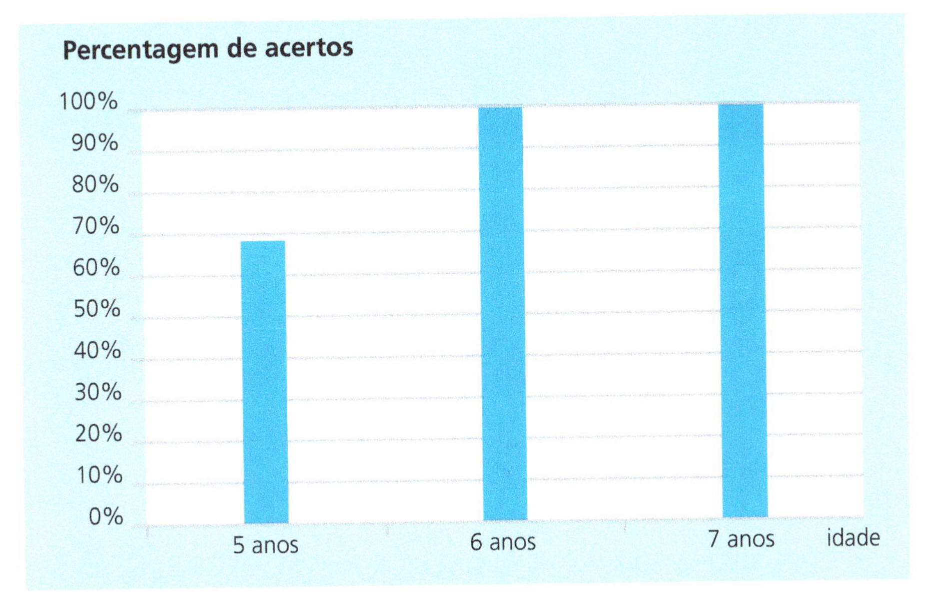

Kornilaki observou que as crianças mais jovens mostravam duas formas diferentes de resolver o problema, ambas baseadas no esquema de correspondência um-a-muitos. Algumas crianças usavam a ação diretamente, retirando da caixa três "bolinhas de comida" e colocando-as diante de cada casinha; depois reuniam as bolinhas e colocavam sobre o restaurante. Outras crianças usavam a correspondência em coordenação com a contagem: apontavam três vezes para cada casinha, contando — um, dois, três; quatro, cinco, seis; sete, oito, nove — e depois retiravam da caixa nove bolinhas de comida. Apesar da diferença entre uma solução direta ou mediada pela contagem, ambos os raciocínios são baseados na correspondência.

Em nossas investigações, adaptamos esse problema para ser apresentado em sala de aula através de desenhos e instruções orais. O problema foi apresentado às mesmas crianças que participaram do estudo descrito no capítulo 2. Como os problemas foram aplicados em escolas públicas em São Paulo, nossa amostra inclui apenas crianças a partir de 7 anos. O problema adaptado e os resultados são apresentados na Figura 3.2, que também mostra a resposta de um aluno. A resposta do aluno não deixa qualquer dúvida sobre a utilização da correspondência como estratégia na solução do problema.

figura 3.2

Em cada casa moram 4 cachorros. Cada cachorro vai ganhar um biscoito igual ao que está desenhado no quadro. Desenhe o número de biscoitos que precisamos ter para que cada cachorro ganhe um biscoito.

Percentagem de acertos

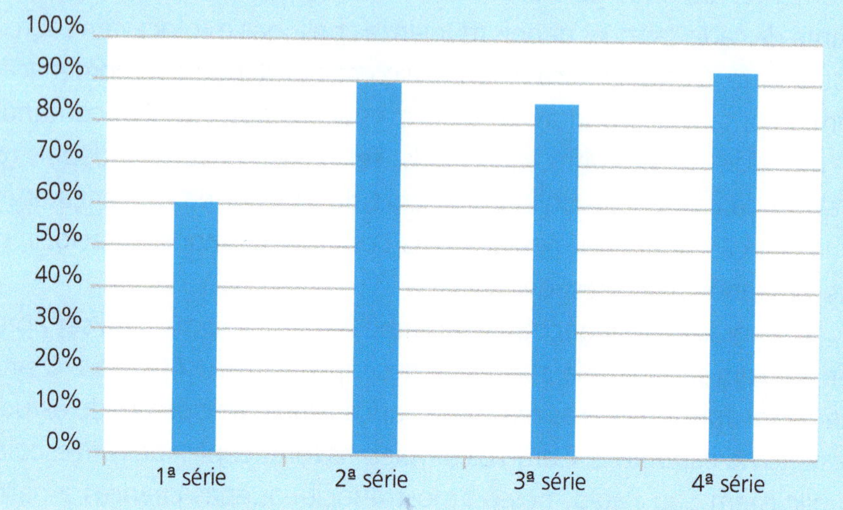

Nota-se que, como nos estudos anteriores, há uma defasagem entre a percentagem de respostas corretas quando o problema é apresentado com materiais e permite a aplicação direta do esquema de ação e a percentagem de respostas corretas quando o problema é apresentado com lápis e papel. É, portanto, importante lembrarmos que talvez seja necessário que os alunos passem por um período de trabalho em sala de aula, durante o qual aprendam a aplicar seus esquemas de ação sobre representações, a fim de termos certeza de que não estamos subestimando sua capacidade de resolução de problemas.

Em resumo, os estudos indicam que as crianças utilizam o esquema de ação da correspondência um-a-muitos quando estão resolvendo problemas de multiplicação. Esses estudos também mostram que os alunos já sabem resolver problemas de multiplicação de modo prático. Isso significa que problemas de multiplicação, apresentados como nos nossos exemplos, já podem integrar o conteúdo do ensino de matemática a partir da primeira série. Portanto, temos que considerar a possibilidade de que estamos deixando desaproveitado esse raciocínio até a segunda ou terceira série, quando se inicia o ensino da multiplicação e da divisão, e não estamos promovendo seu desenvolvimento na primeira série, quando já poderíamos fazê-lo.

O esquema da distribuição equitativa. A divisão, como a multiplicação, envolve duas variáveis numa relação constante. Porém, é muito mais difícil perceber essa estrutura nos problemas de divisão do que nos problemas de multiplicação. Vejamos por quê.

Um problema de multiplicação: Márcio convidou três amigos para sua festa de aniversário. Para cada amigo ele quer dar 5 bolas de gude. Quantas bolas de gude precisa comprar?

Como nos outros problemas de multiplicação, temos duas variáveis, número de amigos e número de bolas de gude, numa relação constante, 5 bolas para cada amigo.

Um problema de divisão: Márcio tem 15 bolas de gude. Ele vai distribuí-las igualmente entre seus três amigos. Quantas bolas de gude cada um vai ganhar?

Embora o problema tenha a mesma estrutura — duas variáveis, número de amigos e de bolas de gude, em uma relação fixa — o problema não pode ser resolvido por correspondência, porque a relação fixa não é conhecida. De fato, a pergunta nesse problema é exatamente qual a relação que devemos fixar para que o número de bolas por amigo seja constante (ou seja, cada amigo receba exatamente o mesmo número de bolas de gude que os outros).

A relação entre problemas de divisão e de multiplicação fica mais clara quando fazemos uma tabela com os dados do problema. Vemos, então, que a tabela é exatamente a mesma, pois a estrutura dos problemas é a mesma.

quadro 3.1

Dados dos problemas de multiplicação e divisão

Número de amigos	Número de bolas por amigo	Número de bolas
1	5	5
2	5	10
3	5	15

O esquema de ação que as crianças utilizam para resolver esse problema é o de distribuir: elas pegam as 15 bolinhas e fazem uma distribuição entre os três amigos, usando o esquema uma bolinha para A, uma para B, uma para C; uma para A, uma para B, uma para C; uma para A, uma para B, uma para C etc. até que tenham terminado de distribuir todas as bolinhas.

Uma de nossas colaboradoras, Jane Correa, apresentou a crianças inglesas de cinco, seis e sete anos problemas de distribuição simples, como o descrito acima. Em seu estudo, Correa colocou sobre a mesa dois coelhos e deu às crianças oito blocos, que eram apresentados como doces de faz de conta, para que a criança distribuísse os doces igualmente entre os coelhos. Após a distribuição, Correa cobria os "doces" que tinham sido atribuídos a um dos coelhos — digamos o coelho A — e perguntava à criança quantos doces o coelho B tinha recebido. Depois que a criança tinha contado os doces do coelho B, e ainda cobrindo os doces do coelho A, Correa perguntava quantos doces o coelho A tinha recebido. Dessa forma, Correa podia investigar não apenas se as crianças sabiam executar a distribuição mas também se elas compreendiam um aspecto básico da divisão: que a relação doce por coelho é constante. A Figura 3.3 apresenta um esquema do problema e as percentagens de resposta correta observadas. Vemos na figura que a grande maioria das crianças de cinco anos não tem dificuldade em executar a distribuição corretamente e concluir que, se o coelho B tem quatro doces, o coelho A também tem quatro doces.

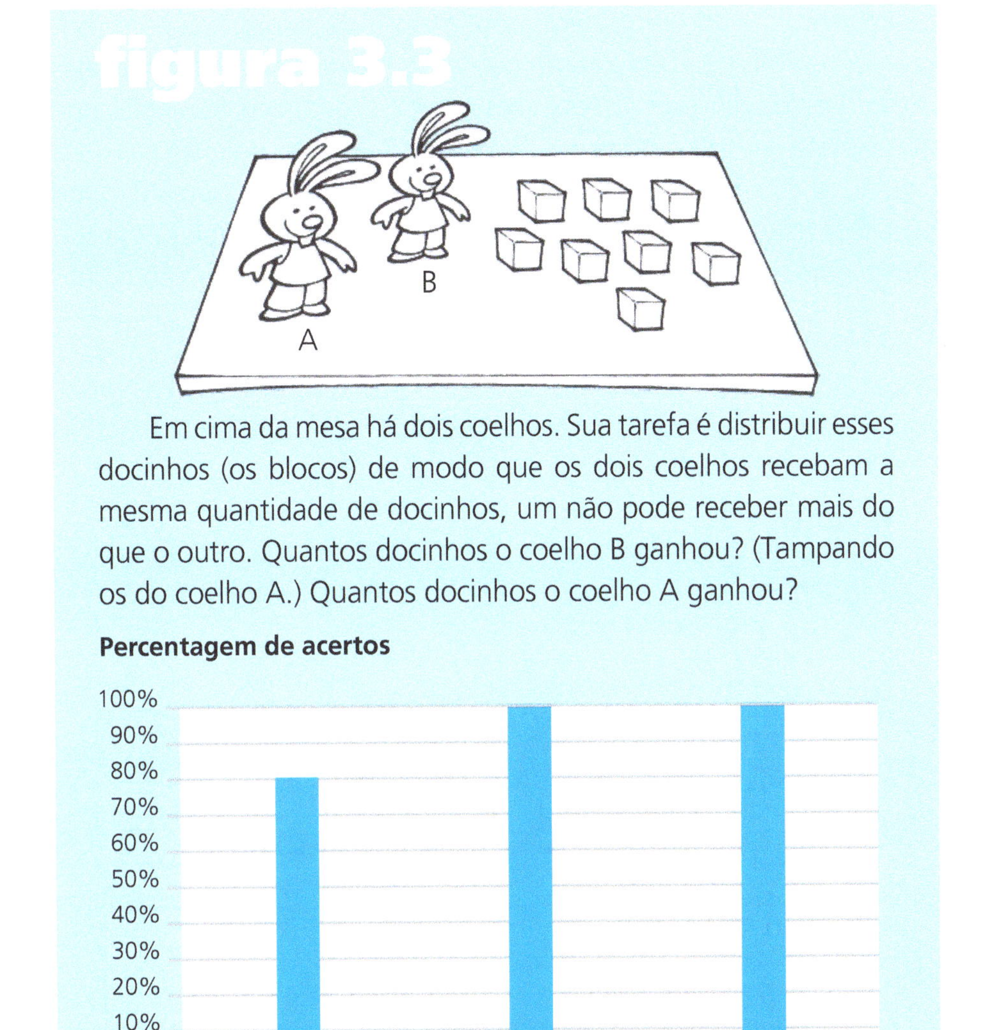

Para trabalhar mais facilmente com esses problemas em sala de aula, fizemos uma adaptação que permite aplicá-los usando a mesma metodologia anterior, apresentando as situações através de desenhos e instruções orais. A Figura 3.4 contém três exemplos de problemas que utilizamos, dois problemas de multiplicação e um de divisão. O problema de multiplicação do exemplo 2, adaptado de um exemplo utilizado pelos pesquisadores do Instituto Freudenthal, foi usado porque ele constitui um exemplo de questão multiplicativa que pode ser apresentado sem descrevermos a correspondência oralmente: os alunos precisam usar seu conhecimento cotidiano de que há o mesmo número de janelas por andar no edifício. É interessante que há apenas quatro janelas que não podem ser vistas porque estão atrás da árvore, no exemplo 2 da Figura 3.4. No entanto, o nível de dificuldade desse problema é muito semelhante ao nível de dificuldade do exemplo 1, em que perguntamos o número total de cachorros morando nas casinhas e não há um cachorro sequer à vista.

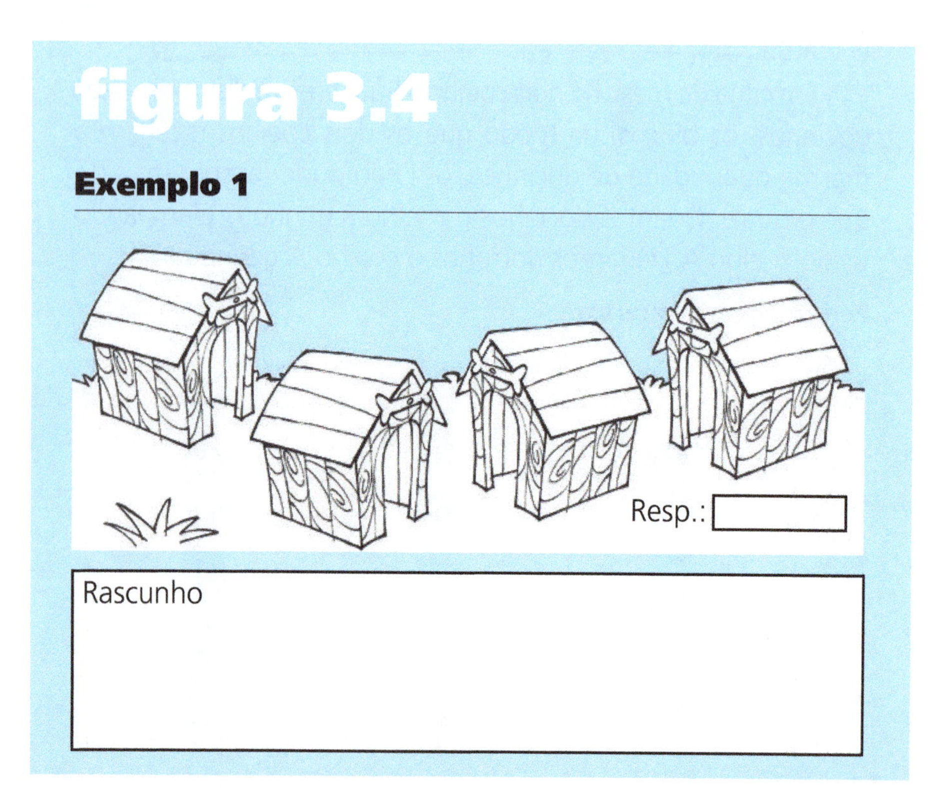

Em cada uma das casas moram três cachorros. Quantos cachorros, ao todo, moram nas quatro casas? Escreva sua resposta no quadro na página anterior.

Percentagem de acertos

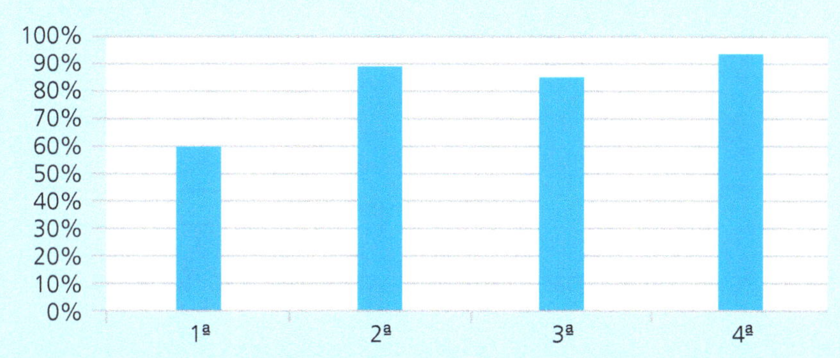

Exemplo 2

Resp.:

Esse edifício tem muitas janelas na frente. Por causa da árvore, você não consegue ver todas as janelas. Quantas janelas tem na frente do edifício? Coloque sua resposta no quadro acima.

Percentagem de acertos

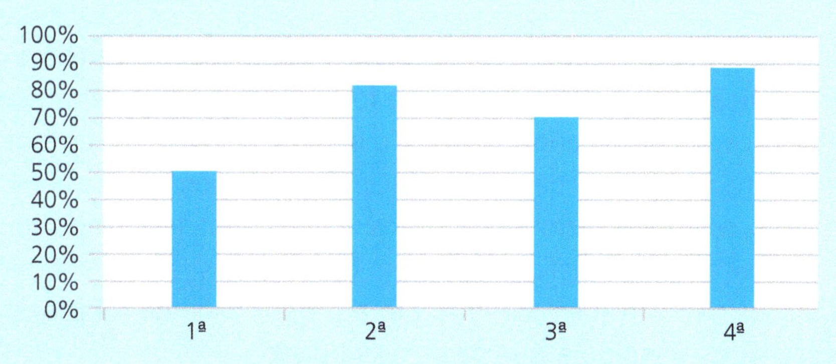

Exemplo 3

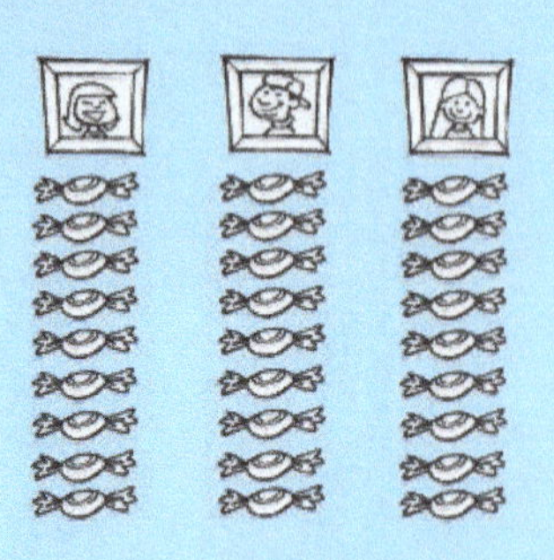

Resp.:

Temos 27 balas para distribuir para três crianças. Todas as crianças querem ganhar a mesma quantidade de balas. Quantas balas cada uma vai ganhar? Escreva sua resposta no quadro acima.

Percentagem de acertos

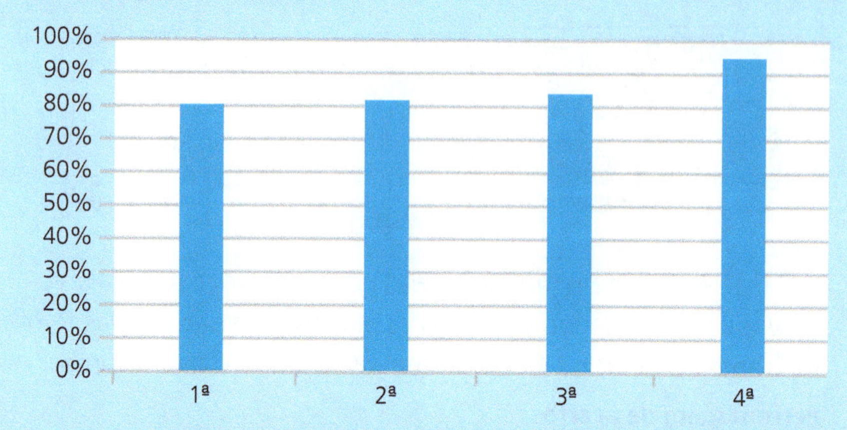

A coordenação entre os esquemas de correspondência e de distribuição equitativa. Da mesma forma que os esquemas aditivos não são coordenados entre si no início do desenvolvimento, os esquemas multiplicativos também não são inicialmente coordenados entre si. Portanto, se apresentarmos aos alunos um problema formulado como uma situação de multiplicação, porém com um dos fatores ausentes, os alunos não percebem de imediato a possibilidade de solucionar o problema utilizando o esquema de distribuição.

Kornilaki apresentou a alunos da escola primária inglesa problemas de multiplicação e divisão de dois tipos. No primeiro tipo de problema os alunos podiam usar o esquema de correspondência para resolver problemas de multiplicação e o esquema de distribuição para resolver os problemas de divisão. Esses são os problemas diretos. No segundo tipo, uma das informações necessárias ao uso direto do esquema estava ausente; portanto, esses problemas eram problemas inversos. Nesse estudo, os problemas não foram apresentados de modo prático, com objetos, mas através de ilustrações. Entretanto, os alunos dispunham de blocos que poderiam utilizar para fazer seus cálculos. A Figura 3.5 apresenta uma descrição dos problemas inversos apresentados e os resultados observados.

figura 3.5

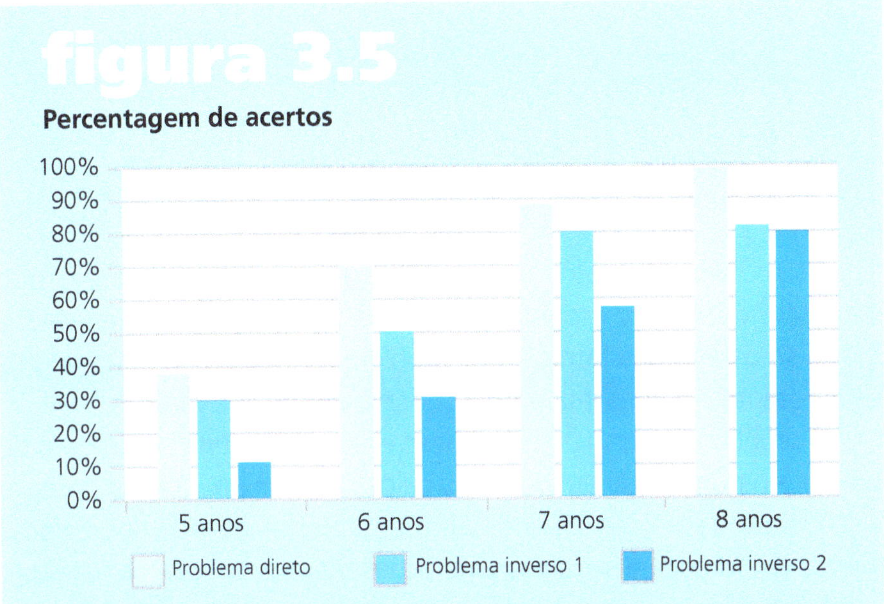

Problema inverso do tipo 1: Carlos vai fazer aniversário. Cada amigo que vier à sua festa vai ganhar 3 balões. Ele comprou 18 balões. Quantos amigos ele pode convidar?

Problema inverso do tipo 2: Era aniversário da professora. Seis alunos vieram à festa. Cada um deles trouxe o mesmo número de flores para a professora. A professora ganhou 18 flores. Quantos alunos vieram à festa?

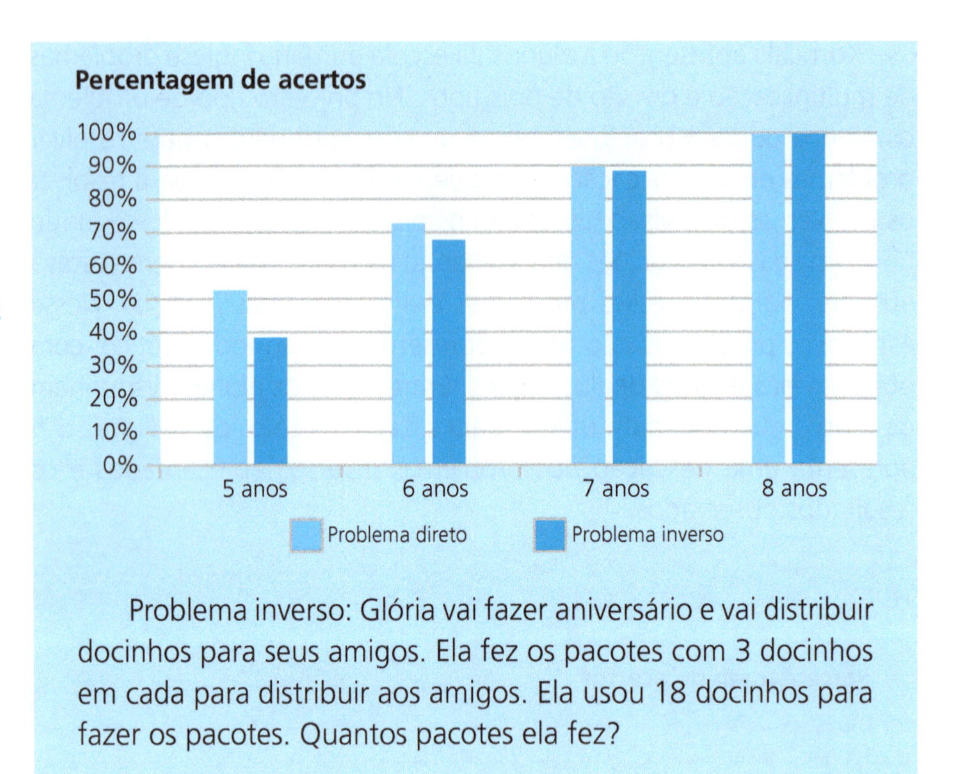

Problema inverso: Glória vai fazer aniversário e vai distribuir docinhos para seus amigos. Ela fez os pacotes com 3 docinhos em cada para distribuir aos amigos. Ela usou 18 docinhos para fazer os pacotes. Quantos pacotes ela fez?

Os problemas diretos de multiplicação são problemas em que se descreve uma correspondência uma a muitos entre as variáveis e indica-se o valor dos fatores; nos problemas inversos, um dos fatores está ausente e a pergunta é feita sobre o valor desse fator.

O problema inverso do tipo 1 descreve a relação entre o número de balões e o número de amigos: três balões por amigo. O fator ausente é o número de amigos. Quando apresentamos problemas desse tipo a alunos de primeira e segunda série e lhes oferecemos blocos para que resolvam o problema, sua solução típica é fazer grupos de 3 blocos: o número de grupos corresponde ao número de amigos que Carlos pode convidar. O problema é, portanto, resolvido usando o esquema de correspondência um-a-muitos. Embora esse seja um problema inverso, a estratégia de correspondência pode ser usada porque o problema contém a informação sobre a relação fixa entre número de amigos e número de balões. Vemos pelo gráfico que esse problema é um pouco mais difícil do que o problema direto, mas a diferença entre os dois não é muito grande porque o esquema de correspondência ainda pode ser usado, embora com uma pequena modificação: o aluno precisa tirar a conclusão de que o número de grupos é igual ao número de amigos que se pode convidar.

Esse problema é descrito em outros trabalhos como um problema de divisão em quotas. No entanto, preferimos caracterizá-lo como um problema inverso de multiplicação porque os alunos resolvem o problema com a mesma estratégia que utilizam para resolver problemas de multiplicação.

O segundo tipo de problema inverso é mais difícil porque, nesse caso, os alunos não podem mais usar o esquema de correspondência, uma vez que falta a informação essencial para usar esse esquema: o valor da relação fixa entre número de alunos e número de flores oferecidas à professora. Observam-se dois tipos de estratégia entre os alunos mais jovens, de 5 e 6 anos, que conseguem resolvê-lo corretamente.

Alguns alunos chegam à resposta correta experimentando soluções diferentes. Por exemplo, imaginam que cada aluno trouxe 2 flores; fazem 6 grupos de 2 flores, contam todas, e verificam que o total não é 18. Então acrescentam uma flor a cada grupo, contam novamente o total de flores, verificam que agora o total é 18 e sabem que acharam a resposta correta. Esse procedimento é denominado "ensaio e erro", pois os alunos experimentam valores até chegar à solução correta. Note-se que ocasionalmente chegam à solução correta de imediato, pois o número que lhes ocorreu primeiro foi o correto, mas não sabem explicar por quê escolheram aquele número. O comportamento desses alunos, embora levando a acerto no problema, indica sua dificuldade em coordenar os esquemas de multiplicação e divisão.

O segundo procedimento que se observa é claramente diferente do primeiro: os alunos pegam 18 blocos e os distribuem, de um em um, em seis grupos. Seu comportamento é claramente ligado ao esquema da distribuição e indica que os alunos compreendem que o esquema da distribuição está relacionado às situações multiplicativas. Observe-se que os problemas inversos causam dificuldades mesmo para alunos de oito anos, os quais não têm qualquer dificuldade em resolver problemas diretos de distribuição mesmo quando a situação não é apresentada de modo prático. Essa solução do problema inverso de multiplicação através do esquema de distribuição é pouco frequente e por isso a percentagem de alunos respondendo corretamente é muito menor do que a porcentagem de alunos que usa o esquema de distribuição em problemas diretos.

Quando analisamos os resultados para os problemas de divisão, vemos um quadro semelhante: é sempre mais fácil solucionar problemas diretos do que inversos. As situações de divisão direta são situações em que apresentamos à criança uma quantidade para ser distribuída igualmente a um número determinado de recipientes: por exemplo, 18 doces para serem distribuídos a 6 pessoas. A pergunta que fazemos se refere à relação doce por pessoa. No caso do problema inverso, informamos ao aluno o total de doces, 18, e a relação doce por pessoa; a pergunta que lhe fazemos é sobre o número de recipientes. É importante observarmos a semelhança entre esse problema, que aparece descrito como uma situação de distribuição, e o problema descrito como um problema multiplicativo inverso do tipo 1. As informações oferecidas ao aluno são as mesmas e a pergunta também é equivalente. O que distingue os dois tipos de problema é a situação descrita: num caso, parte-se de uma descrição de correspondência um-a-muitos e no outro de uma descrição de uma situação de distribuição.

Dois tipos de estratégia de solução aparecem na solução dos problemas inversos de divisão. Algumas crianças usam o esquema da correspondência: elas formam grupos de três blocos, contam os grupos, e respondem que Glória fez seis pacotes de doces. Como no caso do problema de multiplicação inverso do tipo 1, elas utilizam a informação sobre a relação fixa doce por pacote, e obtêm a resposta.

Outras crianças pegam os 18 blocos e distribuem em três grupos. Depois contam o número de blocos no grupo e respondem corretamente. É difícil interpretar o comportamento dessas crianças. Por um lado, é possível que elas tenham acertado porque dois erros se compensam nesse caso. Elas fazem a distribuição em três grupos porque interpretam qualquer situação descrita como distribuição como um problema em que se faz a distribuição, sem se dar conta de que não têm as informações relevantes para fazer a distribuição. Portanto, a distribuição que elas realizam não é um modelo adequado da situação: elas deveriam fazer seis grupos de três e não três grupos de seis. No entanto, quando contam o número em cada grupo, obtêm a resposta correta por cometer um erro de interpretação: contam quantos elementos em um grupo quando a pergunta se refere a "quantos grupos". Uma outra possibilidade é que as crianças compreendem a comutatividade da multiplicação implícita nessa solução: 3 X 6 (três grupos de seis) é o mesmo que 6 X 3 (seis grupos de três).

Para compreender melhor qual das duas possibilidades explica o comportamento dos alunos, uma de nossas colaboradoras, Sarah Squire, realizou uma investigação cujo objetivo era exatamente saber se as crianças compreendem implicitamente a comutatividade da multiplicação em situações de divisão. Adaptamos a situação-problema criada por Squire e apresentamos aos 258 alunos que participaram de nossa investigação sobre o desenvolvimento dos raciocínios aditivo e multiplicativo. A Figura 3.6, a seguir, apresenta a situação que utilizamos e os resultados dessa investigação.

figura 3.6

Vamos repartir os bombons que estão nos saquinhos entre três crianças. Cada saquinho tem três bombons. Quantos bombons cada criança vai ganhar? Escreva sua resposta no quadrinho acima.

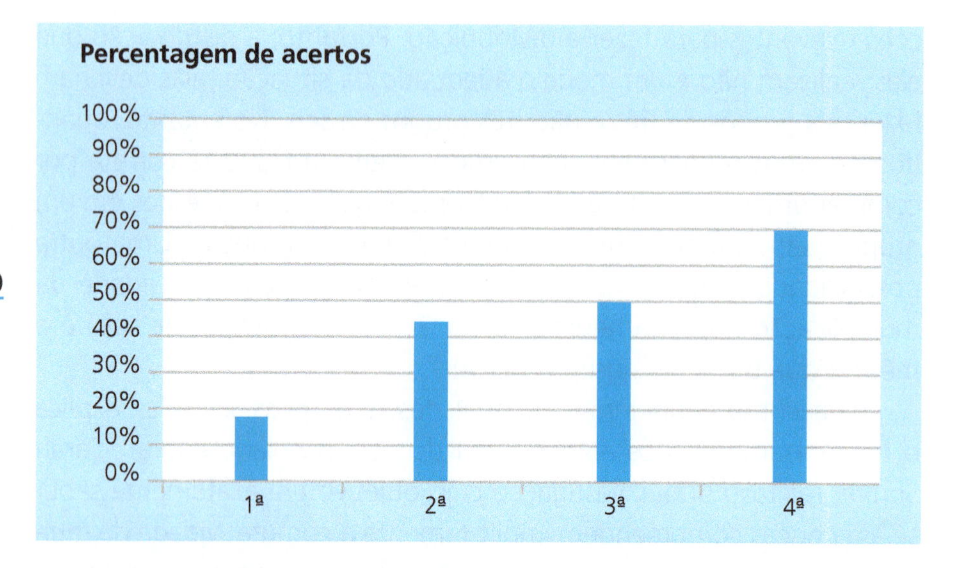

Como se pode observar, a percentagem de acerto no problema é bastante modesta na primeira série. Os alunos aparentemente não compreendem que, se existe um bombom para cada criança em cada saquinho, basta contar o número de saquinhos para sabermos quantos bombons cada criança vai ganhar. Portanto, é pouco provável que os alunos da primeira série que utilizam o procedimento de distribuição no problema inverso discutido acima compreendam a comutatividade da multiplicação: menos de 20% respondem corretamente a uma pergunta semelhante. Observe-se que é apenas na quarta série que a maioria dos alunos apresenta respostas corretas. É necessário acrescentarmos que uma resposta correta nesse problema não indica necessariamente que o aluno usou a comutatividade da multiplicação como base de seu raciocínio ao resolver o problema. Observamos que muitos alunos calcularam inicialmente o número total de bombons e depois dividiram pelo número de crianças, a fim de encontrar a resposta.

Em resumo, o desenvolvimento do raciocínio multiplicativo mostra muitas semelhanças com o desenvolvimento do raciocínio aditivo. Desde aproximadamente cinco anos de idade podemos observar soluções práticas corretas a problemas diretos de multiplicação e divisão. As soluções aos problemas práticos são baseadas em dois esquemas:

na correspondência um a muitos, quando o problema é de multiplicação, e no esquema de distribuição, quando o problema é de divisão. Essas soluções aparecem um pouco mais tarde quando os problemas são apresentados através de desenhos e instruções orais, para serem respondidos com lápis e papel. Ainda assim, a maioria das crianças da primeira série já resolve problemas diretos de multiplicação e divisão corretamente.

De modo semelhante ao que acontece no caso do raciocínio aditivo, os problemas inversos de multiplicação e divisão mostram índices significativamente mais baixos de acerto. Portanto, um programa de ensino que tenha o objetivo de desenvolver o raciocínio multiplicativo precisa focalizar a coordenação entre os esquemas de ação que dão origem a esses conceitos, o esquema da correspondência e da distribuição. É essencial que os esquemas sejam coordenados para que os alunos desenvolvam o raciocínio multiplicativo operatório.

Um programa para promover o desenvolvimento do raciocínio multiplicativo

Os princípios usados na criação do programa que utilizamos para promover o desenvolvimento do raciocínio multiplicativo são, naturalmente, os mesmos princípios usados na criação do programa para o desenvolvimento do raciocínio aditivo: (1) os alunos devem estar sempre engajados em resolver problemas, não apenas imitar soluções demonstradas pelo professor; (2) o desenvolvimento do raciocínio multiplicativo depende da coordenação entre os esquemas de ação que dão origem ao pensamento multiplicativo; (3) o raciocínio multiplicativo precisa ser coordenado com o uso de sinais usados para indicar multiplicação e divisão e outras representações matemáticas convencionais ligadas ao raciocínio multiplicativo — que, como veremos a seguir, são as tabelas e os gráficos; (4) os professores precisam encontrar maneiras de fazer com que os alunos registrem suas estratégias tanto para levá-los a explicitar seu raciocínio como para facilitar a comunicação e o *feedback*; e (5) as tarefas propostas aos alunos devem ser adequadas a seu nível de domínio de outros aspectos da educação e, ao mesmo tempo, devem tornar a matemática um instrumento de representação e análise dos outros conteúdos educacionais.

Nossa primeira investigação sobre esse programa envolveu uma comparação entre ensinar a resolução de problemas de multiplicação através da adição repetida de parcelas iguais ou ensinar através de problemas de correspondência. Esse trabalho, realizado em colaboração com Jeehyun Park (Park e Nunes, 2001), contou com a participação de alunos de 6 e 7 anos de uma escola pública em um subúrbio de Londres. Os alunos ainda não tinham recebido instrução em multiplicação na sala de aula. De acordo com nossa hipótese, há uma descontinuidade conceitual entre raciocínio aditivo e raciocínio multiplicativo. Portanto, os alunos participando do grupo de ensino do raciocínio multiplicativo através de problemas de correspondência deverão fazer mais progresso do que os que participarem do grupo de ensino através de problemas de adição repetida de parcelas iguais. Se nossa hipótese da descontinuidade conceitual não for correta, os alunos participando do ensino por adição repetida devem mostrar progresso semelhante ao observado no grupo de ensino por correspondência um-a-muitos.

Para avaliar o progresso dos alunos, eles foram avaliados num teste de resolução de problemas, contendo 8 problemas de raciocínio aditivo e 8 problemas de raciocínio multiplicativo, antes e depois de participarem do programa de ensino. Independentemente de seus resultados nessa avaliação, os alunos foram distribuídos ao acaso entre duas condições: (1) resolução de problemas de adição repetida; e (2) resolução de problemas de correspondência um-a-muitos. Todos os alunos receberam a mesma quantidade de instrução, que consistiu na resolução de 16 problemas, aplicados em duas sessões de aproximadamente meia hora cada uma. Os problemas foram apresentados em livrinhos, utilizando o formato exemplificado nas figuras desse capítulo: desenhos e instruções orais para a apresentação do problema. As contas que os alunos resolveram foram as mesmas, porém os problemas foram diferentes. Para exemplificar a diferença entre os problemas de adição repetida e de correspondência, apresentamos um exemplo de cada problema.

Adição repetida. *Antônio tem 3 carrinhos e Ana tem 3 bonecas. Quantos brinquedos eles têm ao todo?* Note-se que as parcelas são iguais e a relação em que se baseia o exemplo é uma relação parte--todo: dois conjuntos de brinquedo formam um todo.

Correspondência um-a-muitos. *A mãe de Ana está fazendo 2 panelas de sopa. Em cada panela ela vai usar 3 tomates. Quantos tomates ela vai usar ao todo?* Observe-se que a pergunta é semelhante àquela feita no caso do problema de adição repetida, a conta a ser feita envolve os mesmos números, mas o problema envolve uma relação diferente daquela contida no problema de adição: a correspondência entre número de panelas de sopa e número de tomates. A Figura 3.7 mostra os desenhos utilizados no livrinho.

figura 3.7

Um problema de adição repetida: dois conjuntos de brinquedos formam um todo.

Antônio tem 3 carrinhos. Ana tem 3 bonecas. Quantos brinquedos eles têm ao todo?

Um problema de correspondência um-a-muitos.

A mãe de Ana está fazendo 2 panelas de sopa. Em cada panela ela vai usar 3 tomates. Quantos tomates ela vai usar ao todo?

Os alunos trabalharam individualmente com uma das pesquisadoras. O procedimento para se dar *feedback* e fazer correções era esquematicamente o mesmo para os dois grupos experimentais. Quando o aluno errava a resposta ou dizia não saber como resolver o problema, a pesquisadora auxiliava o aluno a fazer a representação do primeiro número usando blocos, e perguntava ao aluno se agora ele saberia encontrar a resposta sozinho. Se o aluno não soubesse como prosseguir, a pesquisadora auxiliava o aluno a representar com blocos o segundo passo do problema e, novamente, dava ao aluno a oportunidade de encontrar a solução. Finalmente, se o aluno ainda não fosse capaz de resolver o problema sozinho, a pesquisadora sugeria ao aluno que contasse o número de blocos para encontrar a resposta.

Os dois grupos de alunos fizeram progresso do pré-teste para o pós-teste. No caso dos problemas de raciocínio aditivo, o progresso dos dois grupos foi semelhante: ambos resolveram em média 1.4 problemas a mais no pós-teste do que no pré-teste. Esse índice de progresso indica em média 17% a mais de respostas corretas. No caso dos problemas multiplicativos, o grupo que trabalhou com correspondências mostrou um progresso de 2.5 problemas enquanto o grupo que trabalhou com adição repetida mostrou um progresso de 1 problema do pré para o pós-teste. Isso significa um índice de 31% de progresso no grupo que resolveu problemas de correspondência um-a-muitos, em comparação com 12% no grupo que resolveu problemas de adição repetida. Essa diferença foi significativa estatisticamente. Portanto, foi possível concluir que após apenas uma hora de instrução já se pode encontrar diferenças no progresso em raciocínio multiplicativo entre alunos que receberam instrução em adição repetida e outros que receberam instrução em correspondência um-a-muitos. Esses resultados indicam claramente a importância de questionarmos a continuidade do ensino da multiplicação como adição repetida.

Uma das diferenças conceituais entre o raciocínio aditivo e o raciocínio multiplicativo, como fica claro nos exemplos apresentados na Figura 3.7, é o número de variáveis: a adição envolve uma variável — no exemplo, número de brinquedos — e a multiplicação envolve duas variáveis — no exemplo, panelas de sopa e tomates. Isso significa que a representação esquemática do raciocínio aditivo e multiplicativo deverá ser diferente.

No caso do raciocínio aditivo, sugerimos a utilização da reta numérica como uma forma de representar de modo mais formal as relações entre os dados nos problemas e chegar à solução. A reta numérica permite aos alunos representar os dados, explicitar seu raciocínio, e coordenar suas atividades com representações das operações usando o + e o – na calculadora.

A reta numérica, no entanto, não é adequada para representar problemas de multiplicação, pois ela representa apenas uma variável. Para representar o raciocínio multiplicativo, necessitamos de tabelas e gráficos em que duas variáveis estejam representadas. Isso significa que os professores precisam investir simultaneamente em resolução de problemas e no ensino da representação em tabelas e gráficos. Nossas investigações sugerem que é possível trabalhar com tabelas desde a primeira série. A Figura 3.8 mostra um problema no qual investigamos a utilização de tabelas como meio de apresentação de problemas e respostas, naturalmente com auxílio de instruções verbais pois os alunos não tinham sido expostos a tabelas em sua sala de aula. O gráfico mostra a percentagem de acerto às duas questões. Vemos que, apesar de não terem recebido instrução anteriormente no uso de tabelas, um terço das crianças da primeira série já consegue utilizar a tabela corretamente para indicar suas respostas. Portanto, o uso de tabelas não deve causar grande dificuldade se for introduzido desde a primeira série como uma forma de organizar dados e registrar respostas, podendo, à medida que o ensino do raciocínio multiplicativo avança, tornar-se um instrumento para o raciocínio.

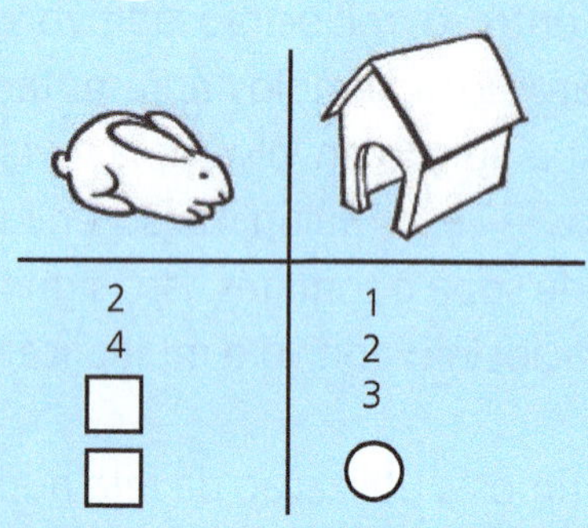

Cada uma dessas casinhas foi feita para dois coelhos. Se você tiver 4 coelhos vai precisar de 2 casinhas. A) Quantos coelhos podem morar em três casinhas? Escreva sua resposta no quadrinho acima. B) Agora pense outro número de casas e escreva no círculo. Quantos coelhos podem morar nessas casas? Escreva sua resposta no quadrinho correspondente.

Percentagem de acertos

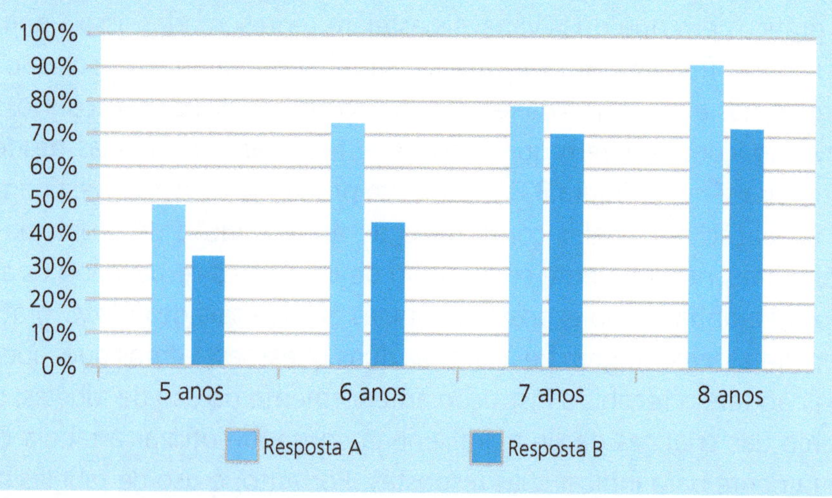

A Figura 3.9, a seguir, mostra dois exemplos de problemas que utilizamos em sala de aula para familiarizar as crianças de 7 e 8 anos com o uso de tabelas. Observe-se que utilizamos inicialmente elementos figurativos — isto é, representando os conteúdos das tabelas. Em geral, bastam alguns exemplos desse tipo para que os alunos não encontrem mais dificuldades em trabalhar com tabelas.

figura 3.9

Exemplo 1

1	3
2	
3	
4	

Cada criança tem 3 balões. Desenhe os balões das outras crianças. Complete a tabela escrevendo o número de balões que duas crianças têm ao todo. Depois escreva também o número que três crianças têm ao todo. Finalmente escreva também o número que quatro crianças têm, ao todo.

Exemplo 2

Paula	1	
Luzia	2	8
Ana	3	
Eduardo	4	

Luzia compra frutas e verduras na feira. Hoje ela comprou 2 quilos. Veja na tabela quanto ela pagou. Paula comprou um quilo na mesma banca. Escreva na tabela quanto ela pagou. Ana comprou 3 quilos. Escreva na tabela quanto ela pagou. Eduardo comprou quatro quilos. Escreva na tabela quanto ele pagou.

Nossos estudos indicam que também é possível trabalhar com a leitura de gráficos e seu uso para registrar dados desde cedo. Embora não tenhamos dados sobre seu uso com alunos brasileiros, observamos bastante facilidade durante um programa de ensino implementado com alunos surdos na faixa etária de 7 a 9 anos na Inglaterra. Os gráficos foram introduzidos inicialmente com representações bastante figurativas — ou seja, incluindo desenhos — e essas representações figurativas foram sendo retiradas à medida que os próprios alunos decidiam retirá-las em seus registros. A Figura 3.10 mostra alguns exemplos desse trabalho. Os exemplos são discutidos individualmente a fim de clarear os princípios específicos que utilizamos no planejamento dos exercícios. Enfatizamos que esses são apenas exemplos: nosso programa continha um número muito maior de exercícios, incluindo exemplos em que os alunos coletavam dados para construir as tabelas e gráficos.

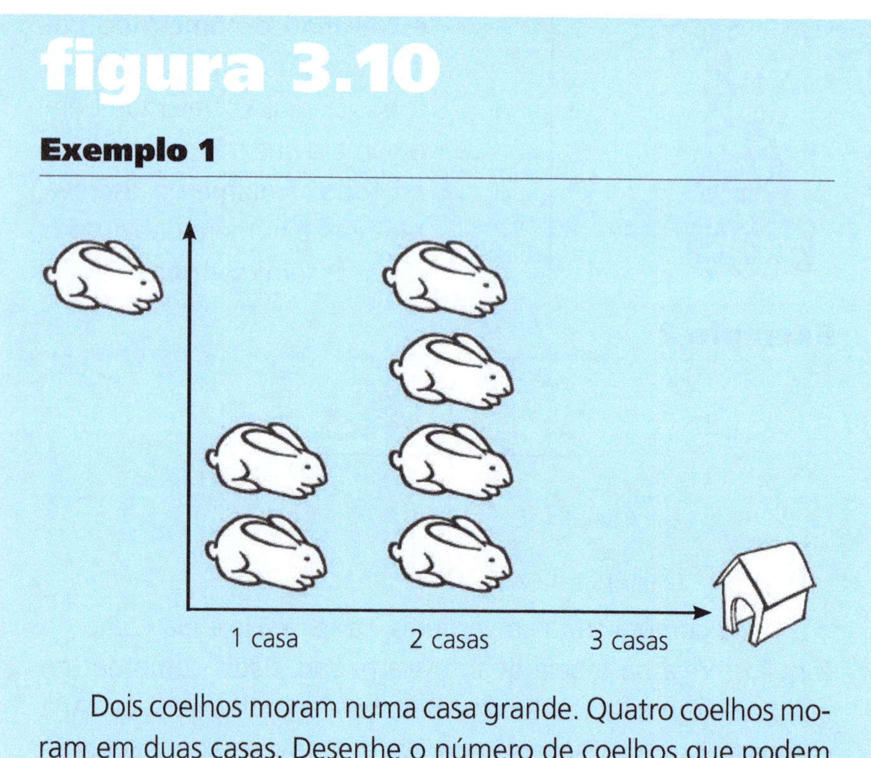

figura 3.10

Exemplo 1

Dois coelhos moram numa casa grande. Quatro coelhos moram em duas casas. Desenhe o número de coelhos que podem morar em três casas.

Observe-se que os problemas que utilizamos para introduzir a representação gráfica não causam dificuldades aos alunos. Os problemas são simples e os alunos estão apenas familiarizando-se com essa forma de representação.

Os eixos são incluídos no gráfico mas não recebem ainda um rótulo. Cada ponto no eixo representando o número de casas está rotulado de modo específico. O eixo representando o número de coelhos não está rotulado. Os coelhos estão desenhados em correspondência com o número de casas. De um modo geral, os alunos de 7 e 8 anos não encontram dificuldade em completar o número de coelhos.

Os gráficos vão tornar-se cada vez menos figurativos — ou seja, vão conter cada vez menos desenhos e mais representações formais.

Outra diferença entre os gráficos utilizados será o uso de rótulo para os eixos, sendo utilizados somente números na marcação dos pontos.

Os gráficos em barra foram introduzidos primeiro por sua maior facilidade, pois os alunos contam os quadrinhos como representação dos objetos.

Exemplo 2

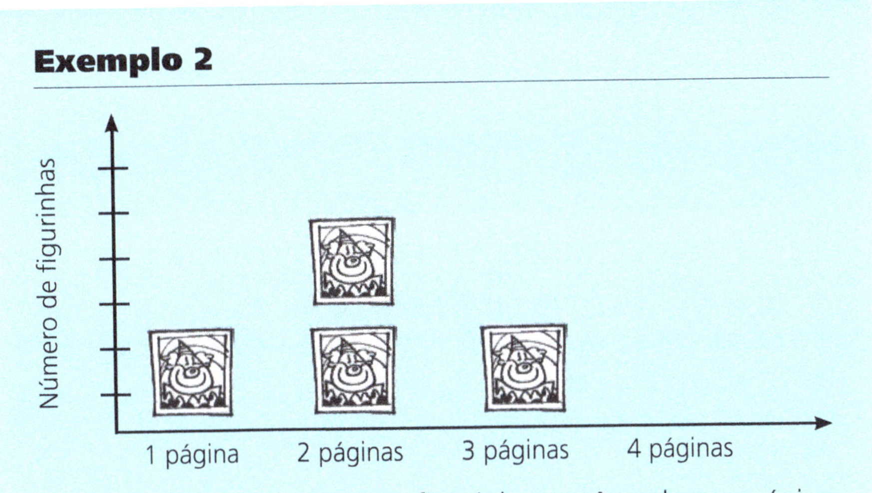

O gráfico mostra quantas figurinhas você ganha por página de exercícios que você resolve corretamente. Complete o gráfico desenhando o número de figurinhas que correspondem a 3 e 4 páginas corretas; marque o número no eixo.

No segundo exemplo, o problema é mais simples, pois a correspondência é um a um. As figurinhas ainda aparecem de modo figurativo mas o eixo com o número de figurinhas está indicado e a criança tem a tarefa de completar a rotulação dos valores no eixo.

Observe-se que o texto não indica quantas figurinhas correspondem a uma página correta. Os alunos devem buscar essa informação no gráfico. Em nosso programa, utilizamos vários exemplos dessa natureza, pedindo aos alunos que indicassem os valores sem que eles tivessem sido indicados no texto.

Exemplo 3

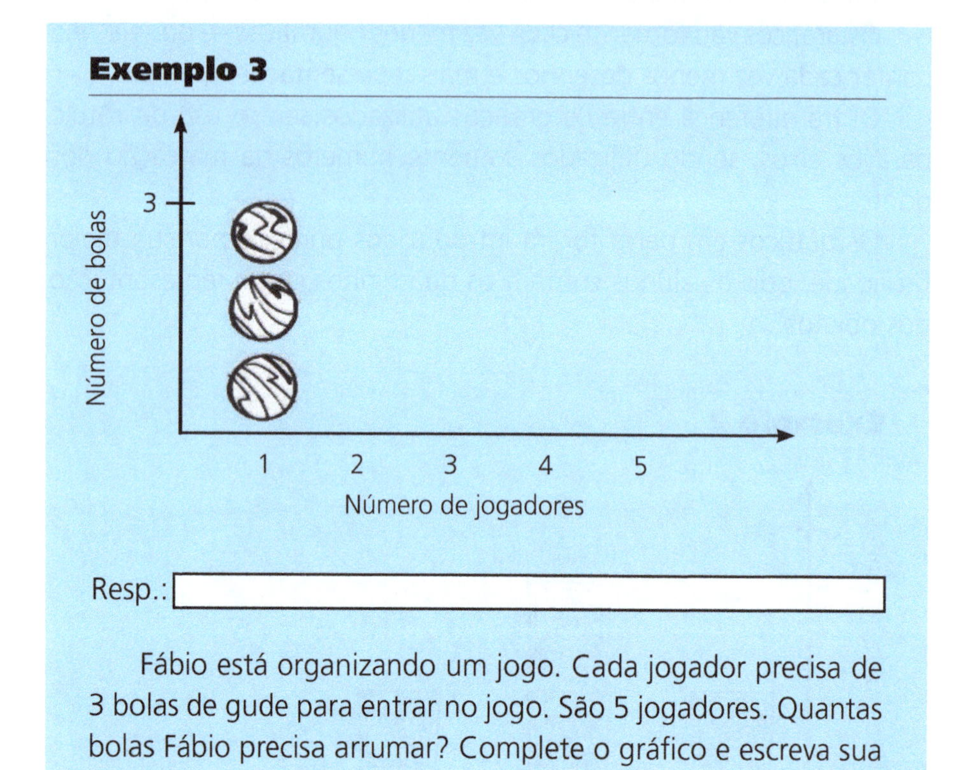

Fábio está organizando um jogo. Cada jogador precisa de 3 bolas de gude para entrar no jogo. São 5 jogadores. Quantas bolas Fábio precisa arrumar? Complete o gráfico e escreva sua resposta no quadro acima.

No terceiro exemplo, o gráfico ainda contém elementos figurativos, as bolas, mas agora ambos os eixos estão marcados e apenas o número correspondente é indicado no eixo. Ao completar o gráfico, os alunos devem marcar o número de bolas no eixo correspondente.

Pode-se discutir ao final se é necessário marcar o eixo indicando todos os números de bolas ou se é possível ler o gráfico ainda que apareçam apenas as marcas com o número 3 e seus múltiplos.

Um aspecto desse exemplo é a conexão entre o gráfico e a solução de um problema. Nos exemplos anteriores, os alunos estavam apenas se familiarizando com o sistema de representação em eixos cartesianos. Após essa familiarização, pode-se começar a estabelecer essa conexão sem que a necessidade de resolver um problema interfira com a análise da representação gráfica.

Exemplo 4

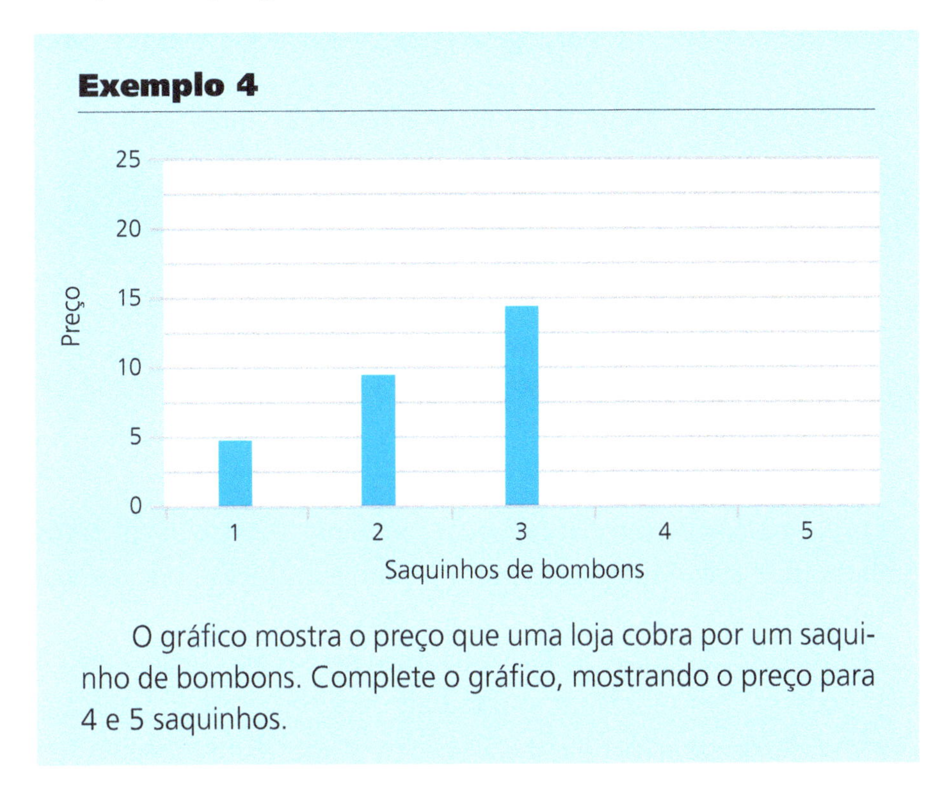

O gráfico mostra o preço que uma loja cobra por um saquinho de bombons. Complete o gráfico, mostrando o preço para 4 e 5 saquinhos.

No quarto exemplo, os elementos figurativos foram retirados, introduzindo-se o gráfico em barras. Observe-se também que, embora o gráfico contenha linhas correspondentes a todas as unidades, apenas o número 5 e seus múltiplos estão marcados.

Pode-se, novamente, introduzir a conexão entre o gráfico e a resolução de problema.

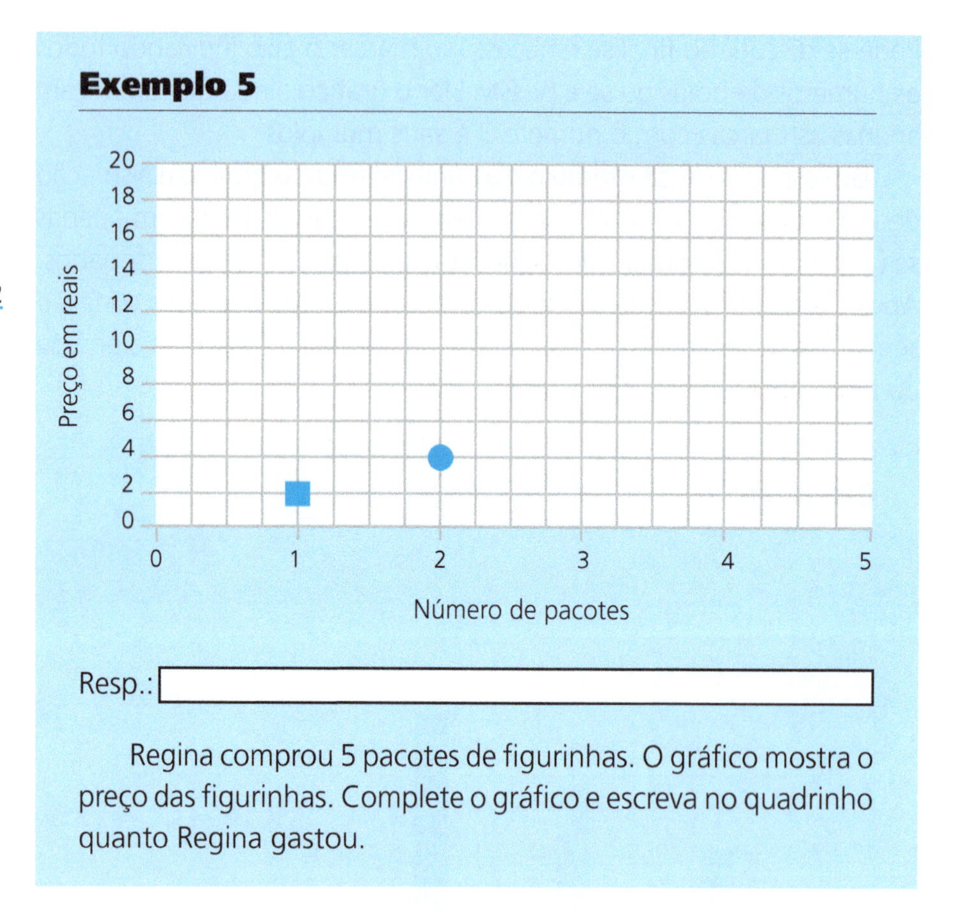

Regina comprou 5 pacotes de figurinhas. O gráfico mostra o preço das figurinhas. Complete o gráfico e escreva no quadrinho quanto Regina gastou.

O exemplo cinco mostra um passo a mais no processo de tornar os gráficos mais esquemáticos: as barras foram substituídas por pontos, as unidades estão marcadas de dois em dois.

Nesse caso, a leitura está facilitada pelo uso de papel quadriculado. Esse pode ser um momento importante para se trabalhar sistematicamente o uso de papel quadriculado e registro de informações em gráficos.

Os professores devem lembrar-se da importância de usar a ideia de eixos no estudo da geometria e na localização de objetos no espaço. Como esse não é um dos aspectos focalizados neste livro, incluímos aqui apenas essa breve referência. No entanto, lembramos que o programa de números e operações deve ser integrado com o programa de geometria e esse é um dos elementos importantes nessa integração.

Exemplo 6

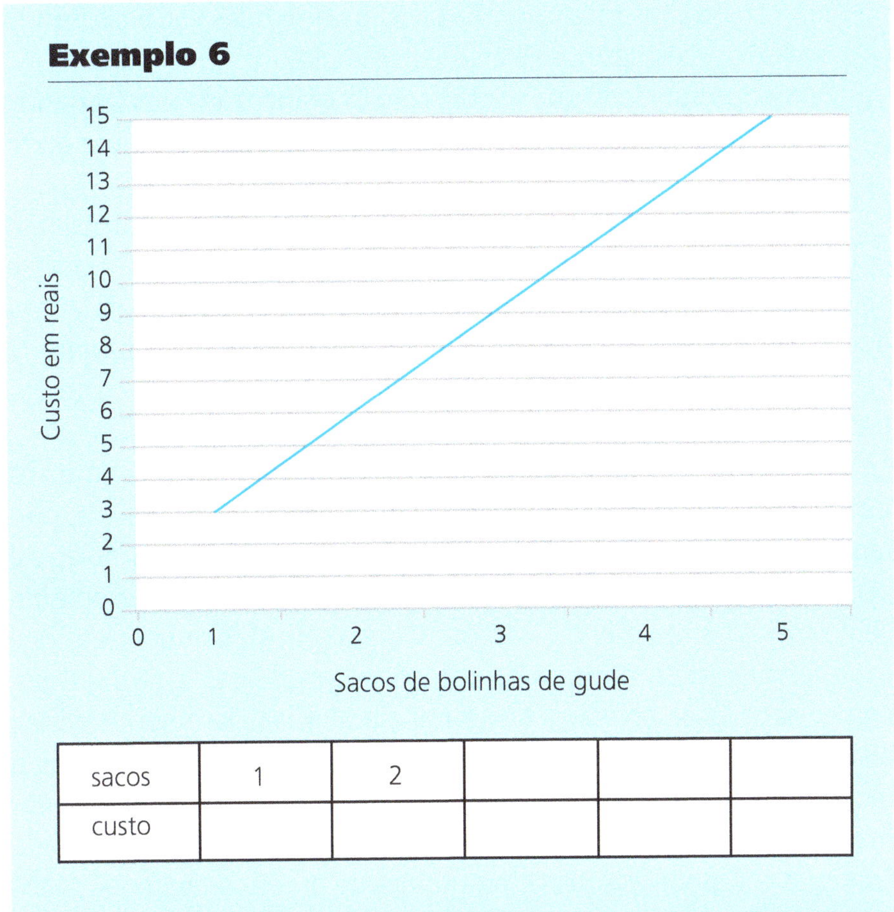

sacos	1	2			
custo					

O gráfico mostra o preço de saquinhos de bolas de gude numa loja. Complete a tabela com as informações que estão no gráfico. Como seria o gráfico se cada saco de bolinhas custasse 2 reais? Verifique no gráfico e complete a tabela.

O exemplo seis ilustra a conexão que se pode estabelecer entre tabelas e gráficos. Também usamos uma forma ainda mais abstrata de representação, a linha.

Ao introduzir gráficos em que a representação está marcada por uma linha, o professor pode também fazer muitas perguntas interessantes. Pode, como no exemplo acima, perguntar aos alunos o que acontecerá com o gráfico se o preço for mais alto ou mais baixo. Isso permitirá aos alunos focalizarem a relação entre duas variáveis, sendo as variáveis as mesmas nos diferentes exemplos.

Outra oportunidade que se abre com os gráficos lineares é explorar a leitura de resultados não calculados e verificar sua correção a partir de cálculos.

Finalmente, os professores podem também introduzir problemas em que a origem da linha não está no zero: por exemplo, pode-se apresentar um problema em que os alunos têm de pagar para entrar numa barraquinha mas depois compram as prendas mais barato do que numa loja. O exercício envolverá a comparação entre o custo das prendas na loja e na barraquinha.

Nos exemplos iniciais do trabalho com gráficos e tabelas, como os que apresentamos aqui, o número de informações é pequeno e, portanto, os alunos podem trabalhar com os dados usando apenas lápis e papel. Os gráficos e tabelas estão sendo introduzidos nesse momento como meios de representar relações multiplicativas; é importante que o professor não se entusiasme com o tema gráficos e termine por perder de vista os objetivos desse trabalho inicial. De modo especial, nas séries iniciais no ensino fundamental, é essencial focalizarmos o raciocínio multiplicativo e sua representação. No entanto, nas séries mais avançadas, se os alunos já tiverem desenvolvido familiaridade com gráficos, poderão utilizar programas de processamento de dados apropriados para alunos nessa faixa etária e expandir o uso de gráficos para outras finalidades. Portanto, o trabalho com gráficos oferece uma base sólida para outros conteúdos do ensino matemático: além de beneficiar a análise das relações multiplicativas, o uso de eixos cartesianos será de utilidade na geometria e o estudo de gráficos oferecerá uma excelente base para os trabalhos de processamento de dados em momentos posteriores.

em resumo

- os conceitos de multiplicação e divisão têm origem nos esquemas de ação de correspondência um-a-muitos e de distribuir;
- mesmo alunos da primeira série, que tipicamente ainda não receberam instrução em multiplicação e divisão, resolvem corretamente problemas práticos de multiplicação e divisão usando seus esquemas de ação;
- podemos promover o desenvolvimento do raciocínio aditivo com maior eficácia se introduzirmos os conceitos de multiplicação e divisão com base nesses esquemas de ação, ao invés de usarmos como ponto de partida a adição e subtração de parcelas iguais;
- a forma de apresentação dos problemas influencia o nível de sucesso dos alunos; sabemos que os alunos têm mais sucesso com problemas apresentados de maneira prática mas precisamos trabalhar também com problemas apresentados esquematicamente, através de desenhos e instruções orais;
- os problemas inversos de multiplicação e divisão requerem a coordenação entre os dois esquemas e por isso são mais complexos, podendo causar dificuldade até mesmo para alunos da quarta série;
- é essencial apresentarmos às crianças uma grande variedade de problemas, focalizando especialmente a coordenação entre os diferentes esquemas;
- a representação do raciocínio aditivo requer instrumentos matemáticos que permitem representar a relação entre duas variáveis; as tabelas e gráficos são de grande utilidade nesse contexto;
- a representação com tabelas e gráficos pode ser introduzida desde a primeira série, pois quando o processo é feito gradualmente, utilizando-se inicialmente elementos figurativos nas tabelas e gráficos, os alunos não sentem dificuldade em trabalhar com essas formas de representação;
- à medida que os alunos avançam, a representação em tabelas e gráficos pode tornar-se menos figurativa e os exercícios podem focalizar a relação entre gráficos e resolução de problemas;

- ao usarmos gráficos lineares, podemos fazer novas perguntas que ajudarão o aluno a compreender como os gráficos mudam em função dos valores embora as variáveis sejam as mesmas;
- o uso de gráficos e tabelas oferece aos alunos novos instrumentos de pensamento e para a comunicação de dados numéricos, atendendo a objetivos mais gerais do ensino, de acordo com os Parâmetros Curriculares Nacionais; como o trabalho pode tornar-se muito motivador, alertamos o professor para a necessidade de manter-se focalizado em seus objetivos quanto ao raciocínio multiplicativo, deixando o trabalho com uma grande quantidade de dados e usando o computador para momentos mais avançados no processo educacional.

atividades sugeridas para a formação do professor

1 Usando as situações apresentadas nas diversas figuras do capítulo, avaliar alunos individualmente ou em grupo, traçando com os colegas um perfil do progresso no raciocínio multiplicativo numa amostra de alunos de primeira a quarta série.

2 Usando as mesmas tarefas, trabalhar com pequenos grupos de alunos e observar seus métodos de resolução de problema. Cada aluno deve resolver o problema individualmente e depois apresentar sua solução para o grupo. Anotar as soluções apresentadas e as discussões que surgem durante a apresentação.

3 Formular problemas que possam ser apresentados através de desenhos e instruções orais e que sejam questões inversas de multiplicação e divisão. Tentar antecipar que tipo de solução os alunos poderão oferecer, se forem explicar suas soluções de modo prático. Verificar se suas hipóteses sobre as soluções foram corretas.

4 Observar alguns alunos das primeiras séries trabalhando com os gráficos e tabelas sugeridos no capítulo como exemplos introdutórios à representação por tabelas e gráficos. Anotar suas dificuldades e propor maneiras de modificar essas tarefas introdutórias de modo a facilitar o trabalho inicial dos alunos. Testar as tarefas modificadas, verificando se as dificuldades desaparecem.

Usando a lógica numérica para compreender o mundo: a compreensão das quantidades extensivas e intensivas

Objetivos ■ discutir a lógica das quantidades extensivas e intensivas ■ descrever brevemente o desenvolvimento da compreensão de quantidades extensivas e intensivas no período de 6 a 10 anos ■ oferecer instrumentos para a avaliação do aluno quanto à compreensão da lógica das quantidades extensivas e intensivas ■ apresentar modelos de atividades criadas com a finalidade de promover a compreensão da lógica das quantidades extensivas e intensivas.

O que são quantidades extensivas e intensivas?

A maioria dos números que usamos em nossa vida cotidiana e na sala de aula refere-se a uma quantidade. Quando dizemos "três botões", "três tijolos", "três metros", ou "três quilos", por exemplo, estamos nos referindo a *quantidades extensivas*. Uma forma simples de pensarmos em quantidades extensivas é pensar no número 3, nos exemplos acima, como um indicador de quantas unidades temos.

Quando comparamos diferentes quantidades entre si, vemos que existem diferentes tipos de quantidade. Uma das formas de classificar as quantidades em diferentes tipos é baseada na diferença entre quantidades contínuas e descontínuas. Por exemplo, no caso de "botões", a unidade à qual nos referimos quando dizemos "três botões" é uma unidade natural: um botão é também um objeto. Quantidades como essas são chamadas de quantidades descontínuas, ou seja, as unidades são objetos distintos. No caso de metros, as unidades são convencionais: tomou-se um padrão e comparou-se esse padrão, por exemplo, ao comprimento de uma mesa, vendo-se que o comprimento da mesa equivale a três vezes o comprimento da unidade convencional, o metro. Como nesse caso não temos três objetos, esse tipo de quantidade é conhecido como *quantidade contínua*: ou seja, os metros não estão separados no comprimento da mesa.

Piaget salientou que a lógica subjacente às quantidades contínuas e descontínuas é muito semelhante. No entanto, é mais difícil para as crianças compreenderem as quantidades contínuas porque, no caso dessas quantidades, as diferentes unidades que compõem a quantidade não são percebidas separadamente. A criança precisa imaginar que um comprimento pode ser analisado em partes para que as partes sejam contadas. Além disso, a criança precisa compreender que as partes devem ser iguais. Se as unidades não forem iguais, o significado do número torna-se ambíguo. Imagine que duas pessoas estão conversando no telefone — por exemplo, pai e filho. O pai está numa loja e precisa comprar uma tábua para consertar o estrado da cama do filho mas esqueceu-se de medir a largura da cama. Ele pede ao filho que tome a medida. Se o filho medir em centímetros e disser "90 centímetros", o pai sabe exatamente quanta madeira comprar. Se, porém, o filho utilizar sua mão como instrumento de medida e disser "6 palmos", o pai não sabe quanta madeira comprar, pois seu palmo pode não ser do tamanho do palmo de seu filho.

Em resumo, a dificuldade extra das quantidades contínuas, quando comparadas às descontínuas, reside em dois aspectos: (1) as unidades não são naturais, e portanto não são percebidas; e (2) as unidades são convencionais, portanto precisa haver um acordo sobre qual será o tamanho da unidade utilizada. O primeiro desses dois problemas foi ilustrado no capítulo 1 através de uma atividade em que pedimos aos alunos da pré-escola que distribuíssem "docinhos" e "dinheiro" a dois bonecos. Os "docinhos" eram representados por blocos, havendo unidades simples e duplas, em que dois blocos estavam acoplados. O "dinheiro" era representado por fichas moedas diferentes, uma de um "penny" e a outra de 2 "pence", uma vez que o estudo foi realizado na Inglaterra. Os bonecos deviam receber a mesma quantidade tanto na primeira distribuição, de docinhos, quanto na segunda, de dinheiro. A dificuldade da atividade devia-se ao fato de que um dos bonecos gostava somente de unidades simples enquanto que o outro gostava somente de unidades duplas. Os alunos tinham mais facilidade em realizar a tarefa com "docinhos", porque as unidades duplas podiam ser percebidas como contendo duas unidades simples; a distribuição de dinheiro era difícil para muitos dos alunos que tinham acertado a distribuição dos docinhos.

Apesar das diferenças entre quantidades contínuas e descontínuas, elas estão baseadas na mesma estrutura lógica, que é a relação parte-todo: a soma das unidades é igual ao valor do todo. Essa estrutura lógica relaciona-se ao fato de que a medida dessas quantidades é essencialmente uma comparação entre duas quantidades da mesma natureza. "Três metros" expressa a comparação de uma unidade de comprimento, o metro, com outro comprimento, o comprimento da mesa. Da mesma maneira, "três tijolos" expressa a comparação entre uma unidade, o tijolo, e outra quantidade da mesma natureza, uma pilha de tijolos.

Quando a medida de uma quantidade baseia-se na comparação de duas quantidades da mesma natureza e na lógica parte-todo, dizemos que a medida se refere a uma *quantidade extensiva*.

Existe um outro tipo de quantidade que é medido através da comparação de duas quantidades diferentes. Por exemplo, quando queremos saber se uma limonada está 'forte' ou 'fraca', estamos nos referindo à concentração do suco de limão. A medida da concentração de um copo de limonada envolve uma comparação entre a quantidade de suco de limão (uma quantidade) e a quantidade de água (a segunda quantidade) que utilizamos. As medidas baseadas na relação entre duas quantidades diferentes são medidas de *quantidades intensivas*.

A lógica das quantidades intensivas é diferente da lógica das quantidades extensivas porque não está baseada na relação parte-todo, mas na relação entre duas quantidades diferentes. A diferença entre esses dois tipos de quantidade pode ser facilmente compreendida quando fazemos uma comparação entre as quantidades extensiva e intensiva que podem ser medidas em uma mesma situação. A Figura 4.1 apresenta um aspecto dessa comparação.

figura 4.1

Temos 80 dℓ de suco de laranja numa vasilha e 20 dℓ em outra. Colocamos tudo numa vasilha maior. Qual a quantidade de suco na vasilha maior?

Temos suco de laranja com 80% de suco concentrado numa vasilha e 20% em outra. Colocamos tudo numa vasilha maior. Qual a concentração do suco na vasilha maior?

Temos 80 dℓ de suco de laranja numa vasilha grande e colocamos 20 dℓ em outra menor. Qual a quantidade de suco na vasilha maior?

Temos suco de laranja com 80% de suco concentrado numa vasilha grande e colocamos 20 dℓ em outra vasilha menor. Qual a concentração do suco na vasilha maior?

Quando juntamos duas quantidades extensivas, o todo é igual à soma das partes. Quando subtraímos uma parte de um todo, a parte que resta é igual ao todo menos a parte que foi retirada. No caso de juntarmos duas quantidades intensivas diferentes — um copo de suco de laranja com 80% de concentrado e outro com 20% de concentrado — a concentração do todo não é igual a 80 + 20. Os números 80 e 20 não podem ser somados sem levarmos em consideração a quantidade de água, pois 80% de suco concentrado significa 80 partes de concentrado para 20 partes de água e 20% de concentrado significa 20 partes de concentrado para 80 de água. Note-se que a lógica na situação em que retiramos uma quantidade da outra também não é a mesma para quantidades intensivas e extensivas: quando retiramos 20 dℓ de 80 dℓ, temos 60 dℓ; quando retiramos 20 dℓ de suco com 80% de concentrado, a concentração do suco na vasilha maior continua sendo 80%.

A lógica das quantidades extensivas baseia-se, como vimos, na relação parte-todo: portanto, no raciocínio aditivo. A lógica das quantidades intensivas baseia-se numa relação entre duas quantidades: portanto, no raciocínio multiplicativo.

Nas seções seguintes, apresentaremos exemplos de avaliações da compreensão desses dois tipos de quantidade e resultados observados com alunos entre 5 e 10 anos.

Avaliando o desenvolvimento da compreensão de quantidades extensivas

Desde 4 ou 5 anos, as crianças não encontram dificuldades em medir quantidades extensivas descontínuas, porque medir e contar são exatamente a mesma coisa. No entanto, surgem dificuldades na medida de quantidades contínuas. Existem duas dificuldades básicas que a criança precisa solucionar: a ideia da repetição de unidades iguais e a ideia do uso de frações quando o objeto a ser medido (ou uma parte do objeto) é menor do que a unidade. Neste capítulo, estamos nos concentrando no uso de unidades iguais e na compreensão das relações parte-todo. A Figura 4.2 apresenta alguns exemplos de tarefas que utilizamos para averiguar se as crianças compreendem as relações parte-todo e as unidades de medida. Um programa de ensino bem-sucedido deve mostrar que os alunos progrediram nessas tarefas após o ensino.

figura 4.2

Exemplo 1

Complete o desenho da régua escrevendo os números em unidades de centímetros.

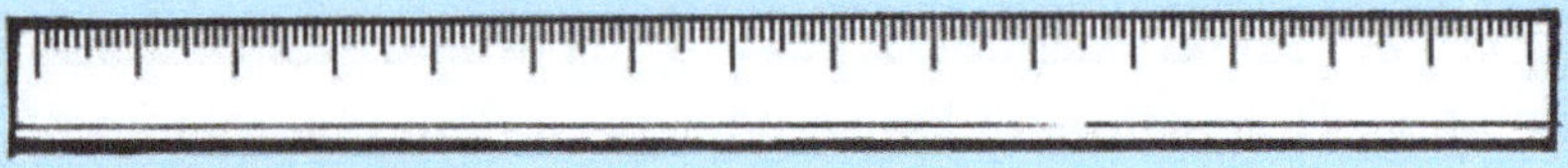

Quantos centímetros mede a linha no desenho abaixo? Escreva sua resposta no quadradinho.

5 6 7 8 9 10 11 12 13 14

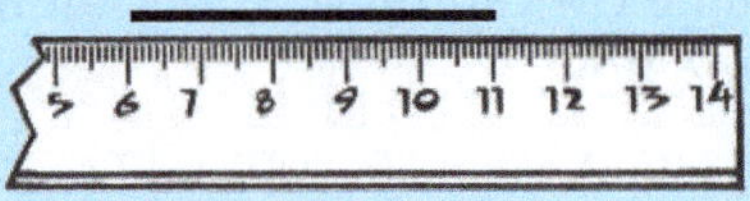

Resp.:

Quantos centímetros mede a linha no desenho abaixo? Escreva sua resposta no quadradinho.

5 6 7 8 9 10 11 12 13 14

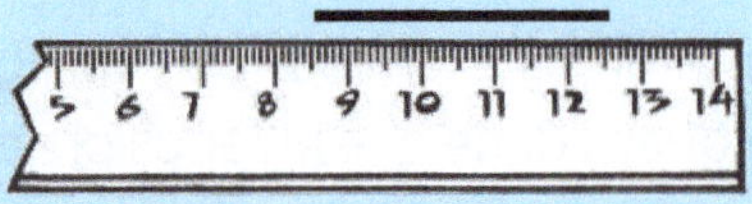

Resp.:

Quantos centímetros mede a linha no desenho abaixo? Escreva sua resposta no quadradinho.

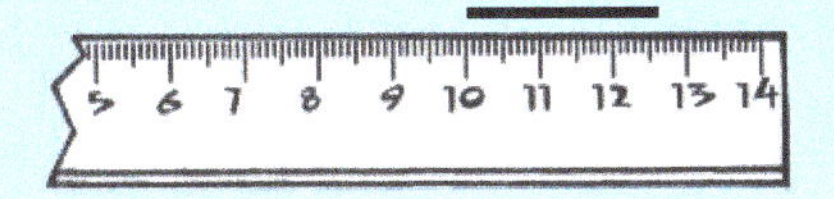

Resp.: [ ]

Usamos esses itens para avaliar o conhecimento (completar a régua) e a compreensão que os alunos têm do princípio parte-todo como o princípio básico subjacente às medidas extensivas. Ao completar a régua, alguns alunos simplesmente escrevem os números em sequência, sem se preocupar em identificar unidades iguais. Outros não utilizam o zero, marcando os números a partir do 1, indicando não terem uma ideia clara de que unidades estão contando. Ao ler a medida, alguns alunos leem simplesmente o número que corresponde ao final da linha, sem considerar o início.

Exemplo 2

Exemplos de itens para avaliar a compreensão das relações parte-todo na medida de peso.

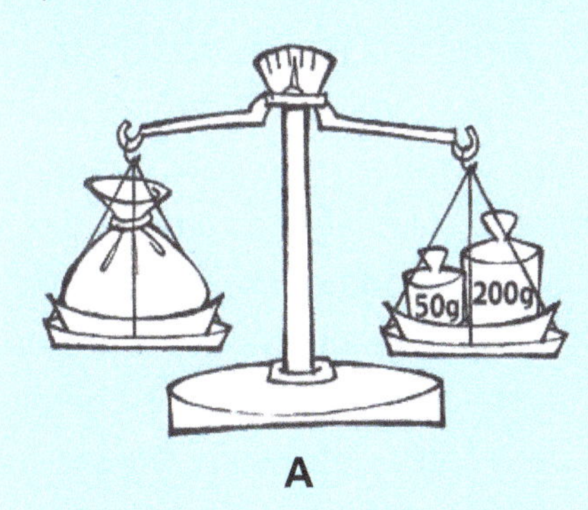

A

Quanto pesa o pacote que está na balança A?

Resp.: [ ]

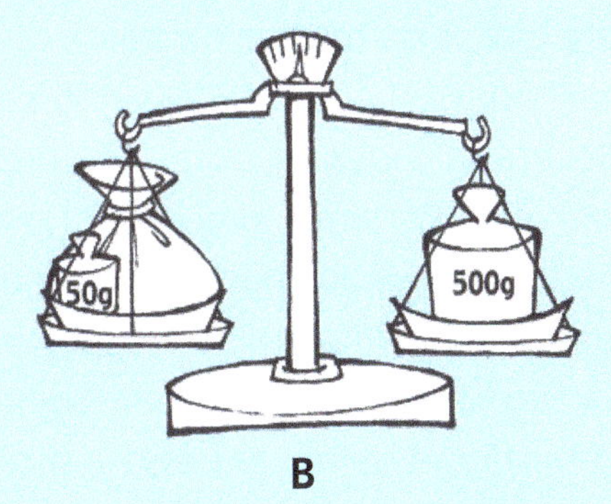

B

Quanto pesa o pacote que está na balança B?

Resp.: [ ]

Exemplo 3

Exemplo de um item que pode ser usado para avaliar a compreensão da medida de área usando unidades de área.

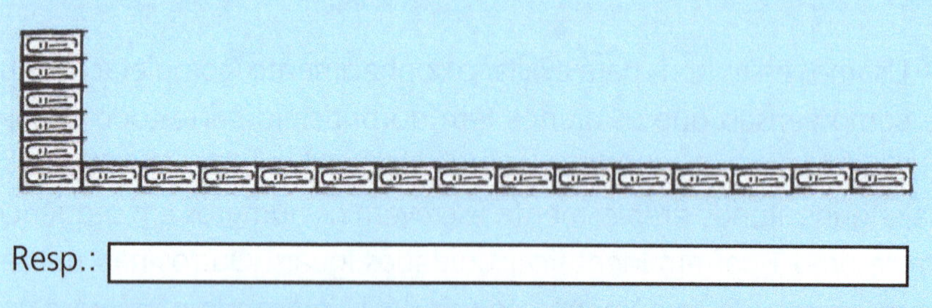

Resp.:

Pedro quer saber quantos tijolos precisa comprar para construir um muro. Ele colocou tijolos no chão, marcando o comprimento do muro, e fez uma coluna com os tijolos para marcar a altura. Você sabe quantos tijolos ele precisa comprar para fazer o muro? Escreva sua resposta no quadro acima.

Piaget foi quem primeiro demonstrou a dificuldade da ideia de repetição de unidades como uma forma de medir. Em seus estudos, os alunos deviam fazer em cima de uma mesa uma torre construída com blocos da mesma altura de outra torre, que havia sido construída no chão. Como as crianças não dispunham de blocos idênticos para construir a segunda torre, não podiam simplesmente copiá-la, bloco por bloco. Portanto, precisavam medir a torre. Piaget observou que as crianças de 6 anos não tinham muita dificuldade em realizar a tarefa quanto elas tinham a seu dispor um bastão que fosse maior do que a torre. Nesse caso, elas marcavam o ponto até onde a torre chegava no bastão, e utilizavam essa marca para fazer outra torre do mesmo tamanho. No entanto, quando não dispunham de um bastão maior do que a torre, teriam de usar um menor repetidamente, para ver a quantos bastões correspondia a altura da torre. Nesse caso, os alunos não encontravam a solução com tanta facilidade. Portanto, a ideia de utilizar um padrão menor repetidamente para obter uma medida é um aspecto do desenvolvimento da compreensão de quantidades extensivas que pode ser promovida em sala de aula.

Atividades para promover o desenvolvimento da compreensão das quantidades extensivas

Em um estudo realizado na Inglaterra (Nunes, Light & Mason, 1993), adaptamos essa tarefa piagetiana para ser apresentada usando-se lápis e papel. Para tornar a tarefa mais interessante, ela pode ser realizada em duplas. O professor precisa colocar metade das mesas dos alunos em uma extremidade da sala e a outra metade na outra extremidade. Nas mesas de um lado estão colocadas folhas de papel que contém linhas de vários comprimentos e várias cores: por exemplo, uma linha vermelha de 6 cm, uma azul de 11 cm, uma verde de 8 cm etc. Nas mesas do outro lado da sala estão presas, uma em cada mesa, folhas de papel onde os alunos devem copiar as linhas apresentadas no outro lado. A estimativa visual é, nesse caso, extremamente difícil, pois os alunos devem percorrer uma certa distância entre a mesa com o modelo e a mesa com a folha onde vão fazer sua reprodução. Numa situação como essa, os alunos chegam facilmente à conclusão de que precisam medir as linhas. Nosso estudo, realizado com alunos ingleses trabalhando em duplas, não foi feito em sala de aula, mas com os alunos da dupla localizados em salas diferentes na escola e comunicando-se por telefone. Os alunos dispunham apenas de um barbante com 4 cm de comprimento — ou seja, menor do que as linhas — sendo que cada aluno da dupla tinha um barbante do mesmo comprimento que o outro. Observamos que a ideia de repetir as unidades aparecia entre praticamente todas as duplas, desde os seis anos de idade. No entanto, a ideia de que as unidades deveriam ser do mesmo tamanho apareceu mais tardiamente. Alguns alunos, por exemplo, diziam: minha linha tem um barbante e dois dedos de comprimento. O aluno do outro lado do telefone, ao usar o barbante e seus dedos, não estaria mais usando unidades do mesmo tamanho. Após trabalhar com cada uma das linhas, os alunos tinham a oportunidade de ver se acertaram ou não, comparando as linhas visualmente. Como uma das folhas era transparente, era possível colocá-la sobre a outra para fazer a comparação. Nosso estudo mostrou que os alunos mostravam um certo progresso durante a atividade, provavelmente devido à discussão que se seguia à constatação de seus próprios erros.

Uma situação que utilizamos em sala de aula para promover a compreensão das unidades de comprimento foi a apresentação de linhas e réguas através de desenhos, não permitindo aos alunos utilizarem outros instrumentos que pudessem manipular. Nesse caso, as linhas a serem medidas não estavam colocadas em posições equivalentes com relação à régua, provocando as questões "de onde começar a medir" e "o que é que o número lido na régua representa, os tracinhos ou os intervalos". A Figura 4.3, a seguir, apresenta um exemplo desse tipo de problema.

figura 4.3

Quantos centímetros mede essa linha? Escreva sua resposta no quadradinho.

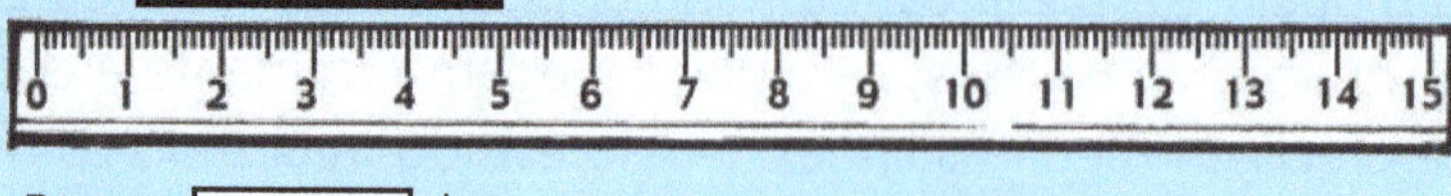

Resp.: ☐ km

Quantos centímetros mede essa linha? Escreva sua resposta no quadradinho.

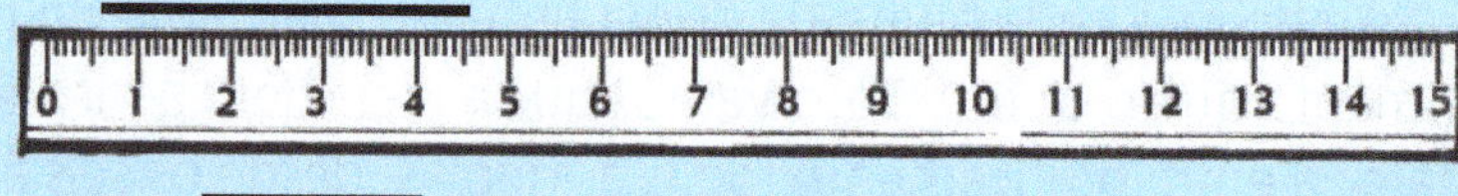

Resp.: ☐ km

Quantos centímetros mede essa linha? Escreva sua resposta no quadradinho.

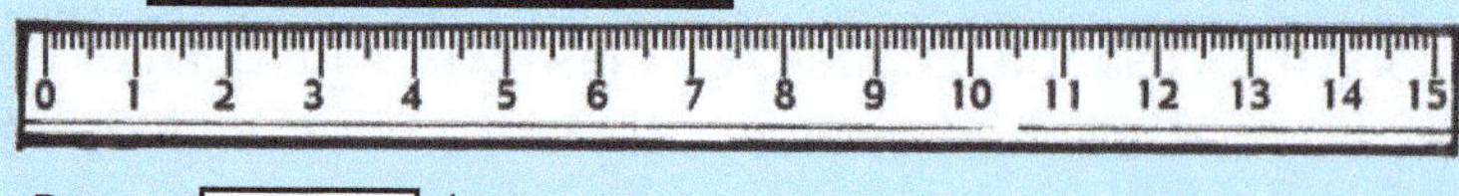

Resp.: ☐ km

Ao realizar essa tarefa, os alunos precisam discutir como fazer a leitura da régua. Algumas vezes os alunos não se dão conta de que precisam alinhar o objeto com o zero, e fazem a medida a partir do número 1. Ao colocar as linhas alinhadas com pontos diferentes da régua, o professor implicitamente provoca a questão: de onde começar a medir? Essa pergunta desencadeia outra: o que estamos contando ao medir as linhas? Surgem, então, respostas alternativas: algumas crianças julgam que estão contando "linhas" na régua e outras dizem que estão contando "espaços" entre as linhas. As duas contagens levam a números diferentes e provocam conflitos intelectuais interessantes.

O professor pode aproveitar tarefas como essa para usar novos vocabulários, como milímetros (porque os alunos se referem aos "tracinhos entre os centímetros") e meio (porque algumas medidas não são correspondentes a unidades inteiras). Entre alunos mais jovens, os símbolos matemáticos para frações não precisam ser introduzidos, podendo-se escrever, por exemplo, 6 cm e meio).

Quando os alunos já tiverem uma boa compreensão dos problemas envolvidos em medidas lineares, o professor pode passar a trabalhar com problemas de área. O uso de situações práticas, nesse caso, é muito motivador e pode facilitar a coordenação de medidas lineares e medidas de área entre si. Por exemplo, podemos pedir aos alunos que descubram quantos tijolos são necessários para construir uma das paredes da sala de aula. Para que eles resolvam o problema, podemos oferecer-lhes uma variedade de materiais: alguns tijolos, uma trena, réguas e barbante. Podemos apresentar aos alunos um desenho, mostrando como os tijolos são encaixados numa parede: basicamente em colunas e fileiras, embora as fileiras sejam construídas de tal forma que o espaço entre dois tijolos corresponde ao centro dos tijolos das fileiras que ficam abaixo e acima. Uma solução simples é pensar no número de tijolos como um problema de correspondência: n tijolos por fileira, sendo o número de fileiras determinado pelo número de tijolos necessários para fazer uma coluna do chão ao teto.

As atividades dos alunos podem variar ao tentar resolver o problema: alguns podem querer solucioná-lo usando os tijolos, outros podem usar diagramas, outros podem usar medidas lineares em combinação com cálculos — por exemplo, quantos tijolos ao longo de um metro. Se a parede for longa e alta, o uso de tijolos como unidades será trabalhoso e demorado. Os alunos poderão ver as vantagens de usarmos diagramas, por exemplo. Ao tentar resolver um problema dessa natureza, os aspectos práticos podem tornar a solução mais lenta do que se apresentássemos uma questão para ser resolvida com lápis e papel, mas a necessidade de coordenar vários aspectos dos conceitos envolvidos torna a situação mais proveitosa em termos de aprendizagens conseguidas do que o trabalho apenas com lápis e papel.

Após usarmos problemas práticos, podemos passar a trabalhar com modelos: podemos oferecer aos alunos "tijolinhos" para que respondam quantos tijolos são necessários para construir uma parede representada em papelão. Nossa experiência é que os cubos de 1 cm de aresta podem ser muito úteis porque permitem fazer conexões simples entre os objetos e as medidas convencionais. Para que o problema exija reflexão, é necessário que o número de tijolos não seja suficiente para cobrir toda a parede.

Para provocar reflexões mais amplas, pode-se expandir o conceito levando os alunos a pensarem em problemas de análises da área quando as formas são diferentes. É relativamente fácil introduzir elementos realísticos que exijam que os alunos explorem o conceito de área de diversas formas quando trabalhamos com paredes a serem construídas. Por exemplo, se o modelo é uma parede retangular, porém com duas janelas, os alunos deverão pensar em como calcular o número de tijolos excluindo a área que terá janelas. A parede pode, por exemplo, ser triangular, como é a parte de uma parede que fica abaixo de um telhado — em geral, um triângulo isósceles. A análise da medida de uma área triangular em termos de número de tijolos leva a discussões muito interessantes entre os alunos, auxiliando-os a desenvolver um conceito mais claro de área.

Num estudo com alunos ingleses de 8 e 9 anos, observamos que muitos alunos formulavam uma regra "número de tijolos na fileira multiplicado por número de fileiras" para calcular o número de tijolos numa parede retangular. Essa regra era facilmente aplicada à parede com janelas, pois os alunos percebiam a facilidade de se subtrair o número de tijolos na área ocupada pelas janelas. Observamos ainda que aproximadamente metade dos alunos conseguia espontaneamente modificar sua regra para fazer o cálculo do número de tijolos necessários para construir uma parede triangular. Ao manipular os tijolos sobre o diagrama da parede, os alunos chegavam a perceber que as duas metades da parede definidas pela altura eram iguais. Ao imaginá-las encaixadas ao longo desse eixo central, os alunos percebiam que esse encaixe levaria à formação de um retângulo, que teria a mesma altura da parede porém metade da largura. Esses alunos chegam a resolver empiricamente o problema da área do triângulo ao tentar medi-la com tijolos. Alguns chegaram a formular a regra: base dividida por dois vezes altura (embora não utilizassem necessariamente esse vocabulário).

Nosso estudo mostrou que era crucial para a obtenção desse progresso que os alunos trabalhassem com unidades de área — nesse caso, os tijolos funcionavam como unidades de área. Um grupo de alunos que resolveu os mesmos problemas trabalhando com régua e esquadro não mostrou progresso semelhante. É o uso de unidades da mesma natureza que permite aos alunos explorar melhor a lógica das quantidades extensivas.

O trabalho com medidas de volume também pode ser feito de maneira prática. Isabel Soto Cornejo, trabalhando no Chile, mostrou que o desenvolvimento do conceito de volume pode aparecer na prática, na ausência de escolarização. Como tipicamente os alunos têm dificuldade em lidar com o conceito de volume na escola, as lições sobre seu desenvolvimento na prática devem ser incorporadas à sala de aula.

Soto entrevistou camponeses não escolarizados cuja ocupação era vender madeira para a fabricação do carvão vegetal. A madeira é vendida por volume. Nessa situação prática, os camponeses tornam-se hábeis no cálculo do volume de carretas de caminhão. Um exemplo das observações de Soto está incluído na Figura 4.4. Neiva Grando fez observações semelhantes com serralheiros no Rio Grande do Sul.

figura 4.4

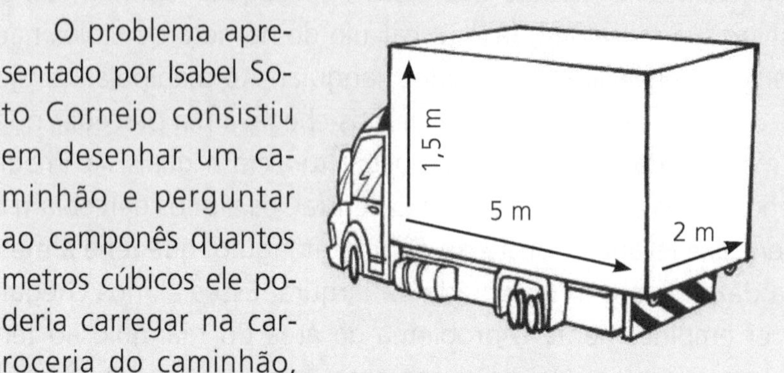

O problema apresentado por Isabel Soto Cornejo consistiu em desenhar um caminhão e perguntar ao camponês quantos metros cúbicos ele poderia carregar na carroceria do caminhão, enchendo-o todo. As dimensões do caminhão eram 5 m de comprimento, 2 de largura e 1 e meio de altura.

Camponês: primeiro eu faço uma camada de cinco metros de comprimento e um metro de altura. Vai ser uma camada de cinco metros cúbicos (enquanto calculava, o camponês fez uma linha no desenho, marcando a camada). Aí são cinco metros cúbicos duas vezes (a largura é de dois metros), são dez metros. Agora eu tenho cinquenta centímetros, duas vezes. Então vamos encher com outra camada de cinco (*sic*) centímetros, cinco vezes cinco, vinte e cinco. Então é dois metros cúbicos e meio. E isso duas vezes, cinco metros cúbicos.

O total é dez mais cinco, quinze metros cúbicos.

A resposta do camponês indica claramente a importância que tem para seu raciocínio trabalhar com unidades de volume para medir o volume da carroceria do caminhão. Ele cria uma unidade arbitrária — uma camada de cinco metros de comprimento, por um de largura e um de altura — para calcular o volume da parte inferior da carroceria. Depois cria uma nova unidade com cinco metros de comprimento, cinquenta centímetros de altura e um metro de largura. Seu raciocínio não deixa qualquer dúvida sobre a utilização da composição aditiva das unidades para a descrição do valor total.

Os resultados de estudos feitos com adultos não escolarizados são muito úteis ao professor porque nos dão pistas sobre problemas que podem ser apresentados para que os alunos desenvolvam seu raciocínio usando conceitos da vida diária. Frequentemente os passos seguidos por alunos escolarizados revelam a essência da lógica a ser dominada pelos alunos.

O que essas situações práticas oferecem é a oportunidade de usar unidades de volume para compreender o conceito de volume — como enfatizado anteriormente, usar unidades da mesma natureza que o objeto medido. Em contraste, na prática escolar do ensino do conceito de volume, os problemas são frequentemente apresentados apenas em termos de unidades lineares que, multiplicadas entre si, resultam numa unidade de volume imaginada.

Para o trabalho prático podemos, por exemplo, oferecer aos alunos alguns bastões de forma retangular, medindo 1 cm X 1 cm X 10 cm (como os usados em alguns métodos para ensinar o sistema decimal). Damos-lhes uma caixa e perguntamos quantos bastões são necessários para encher a caixa. Novamente, como no problema acima, não lhes oferecemos bastões em número suficiente para encher a caixa. Os alunos não têm muita dificuldade em solucionar o problema investigando quantos bastões são necessários para formar uma camada de bastões no fundo da caixa e multiplicar o número de bastões pelo número de camadas para calcular o total.

Em todos os exemplos, devemos lembrar-nos sempre de buscar problemas práticos para iniciar o estudo e, progressivamente, tornarmos a solução direta mais difícil — por exemplo, em virtude da escala do problema. Isso vai requerer que os alunos comecem a utilizar diagramas com maior precisão. No caso de problemas de volume, trabalhar a representação de três dimensões no plano é um problema interessante, em que a concepção e a medida do espaço contribuem juntas para a construção da representação. O exemplo contido na Figura 4.5 pode ser útil para ajudar os alunos na produção de diagramas mostrando as três dimensões.

figura 4.5

Exemplo 1

No fundo de uma caixa de bombons há 4 fileiras de 10 bombons cada uma, formando uma camada. A caixa tem 3 camadas de bombons. Quantos bombons ao todo vem na caixa?

Resp.:

Exemplo 2

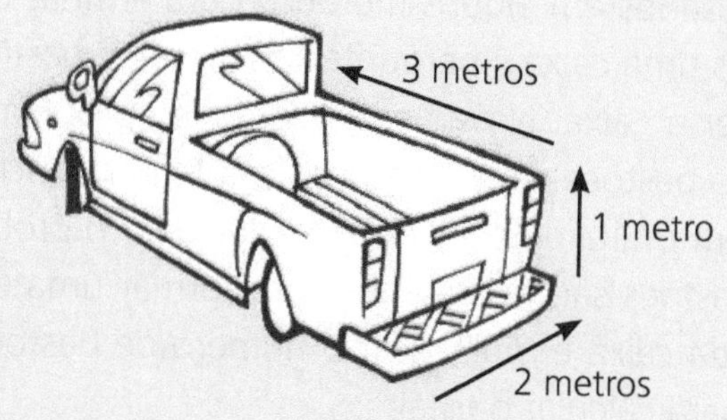

Márcio vai encher a traseira de sua caminhonete com caixas de latas de guaraná. As caixas medem 50 cm de largura, 50 cm de comprimento e 50 cm de altura. Quantas caixas Márcio vai poder carregar?

Resp.:

A representação de três dimensões no plano é difícil. Mas não é só a representação que causa dificuldade aos alunos. Ângela Dias, uma pesquisadora da Universidade de Brasília, entrevistou alunos do curso secundário, pedindo-lhes que comparassem formas geométricas a objetos que eles conheciam em sua vida cotidiana. Alguns alunos pareciam identificar objetos de sua vida diária, como uma televisão, com figuras planas, sentindo dificuldade em identificar as três dimensões de um aparelho de televisão. O problema tornava-se ainda mais complexo com figuras envolvendo formas circulares como o cilindro e também com o cubo. Esses problemas talvez causem muita dificuldade para os alunos do ensino elementar e talvez sua exploração leve a resultados melhores em níveis mais avançados do ensino.

Além de utilizar diagramas, em que o professor já identifica para o aluno as três dimensões, é muito importante trabalhar com problemas práticos, em que os alunos tenham de obter medidas das três dimensões a fim de resolver o problema. Ainda que a unidade de medida seja um volume, o problema prático exige que o próprio aluno identifique as dimensões e proporciona oportunidades para a coordenação de medidas lineares com o conceito de volume. Após usar alguns modelos, pode-se pedir aos alunos que resolvam o problema prático e o representem através de desenho.

Outra medida de utilidade prática interessante a ser trabalhada em sala de aula é o peso. Infelizmente, o vocabulário cotidiano e científico não coincidem nesse caso: o que chamamos de "peso" no cotidiano é chamado de "massa" nas aulas de ciências. Nossa prática tem sido utilizar o vocabulário cotidiano nas aulas de matemática, a fim de capitalizar melhor os conhecimentos intuitivos dos alunos. Observe-se que os problemas práticos criados por balanças de dois pratos e por balanças de ponteiro são bastante distintos. A balança de dois pratos depende da comparação entre os pesos usados em um lado da balança e o objeto a ser pesado, colocado no outro lado. A Figura 4.2 mostra dois exemplos diferentes. As balanças de ponteiro, por outro lado, usam uma escala linear: os problemas que surgem são de leitura do peso, coordenando quilos e gramas. O professor precisa considerar em que momentos no ensino pode querer trabalhar com cada um desses instrumentos.

Em resumo, uma medida de uma quantidade extensiva expressa o número de unidades que correspondem ao todo medido. A fim de que o aluno compreenda bem a relação entre medidas e objetos, podemos explorar essa relação parte-todo no contexto de muitos conceitos distintos — comprimento, área, volume e peso, por exemplo. Para explorar a relação parte-todo no contexto de medidas de área, a unidade precisa ser de área; para explorar a relação no contexto de volume, a unidade precisa ser de volume. A análise de conceitos complexos, como área e volume, no decorrer da solução de problemas práticos e usando relações parte--todo oferece ao aluno a oportunidade de refletir sobre esses conceitos e promove sua compreensão. Dessa forma, o aluno estará compreendendo melhor a utilidade dos números para explorar a realidade.

Avaliando o desenvolvimento da compreensão de quantidades intensivas

As pesquisas iniciais de Piaget deram origem a um número muito grande de investigações sobre o desenvolvimento da compreensão das quantidades intensivas. A maioria desses estudos investigou apenas fases mais avançadas nesse desenvolvimento, sem analisar a origem do conceito de quantidades intensivas em alunos do ensino fundamental. Hans Freudenthal e seus colaboradores — de modo especial, Leen Strefland — foram os primeiros a sugerir a importância de encontrarmos a origem desse conceito. Freudenthal sugeriu que as primeiras ideias sobre quantidades intensivas se desenvolvem em situações em que precisamos pensar "relativamente". Ele propôs a investigação de algumas situações muito interessantes, em que o valor absoluto de uma medida não leva à resposta correta. Por exemplo, se colocarmos uma colher de açúcar em um copo pequeno de limonada e a mesma quantidade de açúcar num copo grande de limonada, a limonada nos dois copos terá o mesmo gosto?

A fim de usar o problema em sala de aula, adaptamos a questão para ser apresentada com lápis e papel e apresentamos aos 258 alunos que participaram da investigação que fizemos em São Paulo. Os desenhos foram apresentados aos alunos em cores mas estão incluídos na Figura 4.6 em preto e branco. As percentagens de acerto por série podem ser vistas no gráfico. As três primeiras colunas correspondem ao acerto em cada questão. A quarta coluna mostra a percentagem de alunos que acertou as três questões.

figura 4.6

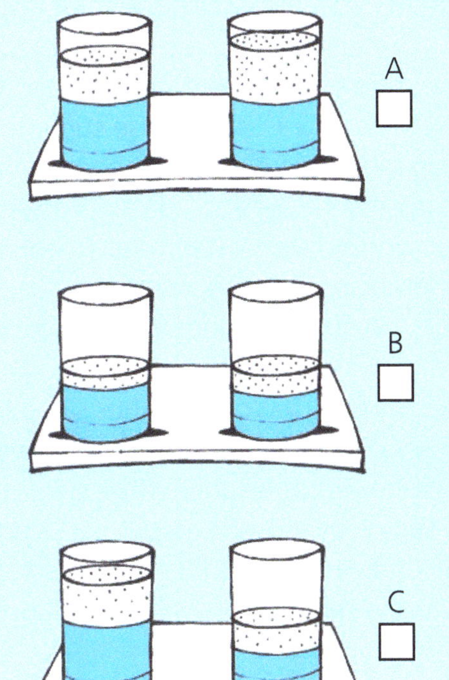

Instruções para cada problema: Dois garotos estão fazendo laranjada. A parte debaixo (pintada de cinza) mostra a quantidade de suco de laranja no copo. A parte de cima (pontilhada) mostra a quantidade de água. Olhe os dois copos no problema A. Você acha que a laranjada nos dois copos vai ter o mesmo gosto? Coloque um X no quadrinho se você achar que sim. Coloque uma bolinha se você achar que não. (As instruções são repetidas para cada problema.)

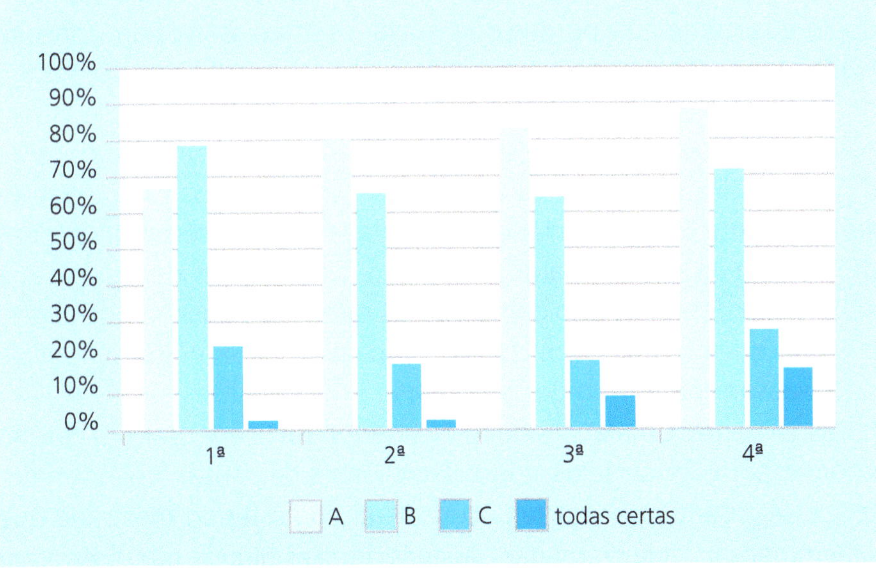

O gráfico mostra alguns aspectos interessantes no desempenho das crianças. Primeiro, na questão A, embora a quantidade de suco de laranja nos copos seja igual, a maioria dos alunos responde corretamente que o gosto vai ser diferente. Essa resposta pode ser o resultado de um raciocínio correto: a quantidade de suco é a mesma mas a quantidade de água é diferente, portanto o gosto é diferente. No entanto, a resposta pode ser correta devido a uma análise superficial do problema: os alunos diriam que o gosto é o mesmo apenas se as figuras fossem iguais. A mesma análise pode ser aplicada ao problema B: como as figuras são diferentes, o gosto deve ser diferente. Por outro lado, a resposta pode ser correta porque os alunos perceberam que no copo da esquerda usou-se mais suco do que água enquanto que no da direita as quantidades de suco e de água são iguais.

Portanto, a questão C é a mais informativa: os desenhos são diferentes mas o gosto do suco deve ser o mesmo, porque em ambos os copos usou-se a mesma quantidade de suco e de água. Considerando os resultados da terceira questão, vemos que a percentagem de acerto nas quatro séries não chega a 50%, que seria a probabilidade de acerto por acaso (porque há apenas duas alternativas possíveis, ou os sucos têm o mesmo gosto ou não).

Quando os alunos apresentam uma percentagem de acerto abaixo daquela que seria de se esperar se estivessem simplesmente adivinhando, frequentemente é porque muitos alunos estão usando um conceito inadequado, como por exemplo pensar que os sucos só terão o mesmo gosto se o desenho for igual. Esse conceito levaria a respostas certas nas duas primeiras questões mas a uma resposta errada na questão C. Uma análise do padrão de respostas observado mostrou que aproximadamente 50% das crianças em todas as séries acertaram as duas primeiras questões e erraram a terceira. Esse padrão de respostas é apenas um dentre as oito combinações diferentes possíveis de acerto e erro, o que nos leva a concluir que provavelmente muitos alunos de fato estavam pensando dessa maneira.

Finalmente, uma análise interessante consiste em usar um critério rigoroso para decidir se os alunos são capazes de pensar "relativamente". Esse critério rigoroso seria considerar como tendo mostrado que sabem pensar "relativamente" apenas aqueles alunos que acertaram as três questões. Vemos no gráfico que o percentual de alunos que acerta as três questões é extremamente baixo: 2% nas duas primeiras séries, 9% na terceira e 18% na quarta.

Esses resultados sugerem a importância de trabalharmos em sala de aula a compreensão das quantidades intensivas e a capacidade de pensar "relativamente".

A Figura 4.7 mostra três exemplos de problemas que foram utilizados por uma de nossas colaboradoras, Despina Desli, para investigar o desenvolvimento da capacidade de pensar relativamente. Seus estudos foram feitos com crianças inglesas de escolas públicas de Londres. Os itens foram aplicados às crianças individualmente, apresentando-se às crianças desenhos e dando-se as instruções oralmente. No entanto, observe-se que eles podem ser facilmente adaptados para aplicação em sala de aula. Quando utilizamos a aplicação coletiva, não nos devemos esquecer de que a percentagem de acerto pode ser mais baixa do que quando a aplicação é individual. Ainda assim, os itens podem ser úteis para auxiliar o professor a fazer um diagnóstico para programar e avaliar a eficácia de atividades que visam desenvolver o raciocínio sobre quantidades intensivas.

figura 4.7

Problema 1

Problema tipo A

Dois garotos compraram pipoca em lojas diferentes. Fernando comprou uma caixa pequena, Maurício comprou uma caixa grande. Os dois pagaram o mesmo preço pela caixa de pipoca. A pipoca é mais cara numa loja do que na outra?

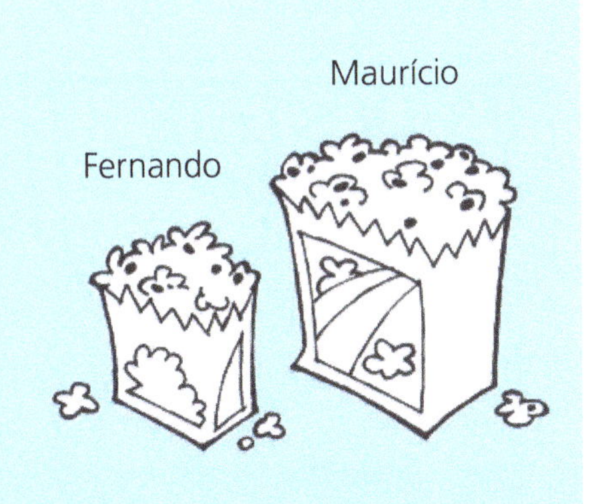

Problema tipo B

Sérgio

Dois garotos compraram pipoca em lojas diferentes. Os dois compraram caixas do mesmo tamanho. Sérgio pagou 1 real e Flávio pagou 2 reais. A pipoca é mais cara numa loja do que na outra?

Flávio

Problema 2

Problema tipo A

As duas barras de chocolate são iguais. A barra embrulhada no papel liso vai ser repartida para um maior número de crianças e a no papel quadriculado vai ser repartida para um número menor de crianças. Em que grupo as crianças vão ganhar mais chocolate? Por quê?

Problema tipo B

As duas barras de chocolate vão ser distribuídas cada uma para um grupo de crianças. Os dois grupos têm o mesmo número de crianças. Em que grupo as crianças vão ganhar mais chocolate? Por quê?

Problema 3

Problema tipo A

Dois garotos estão fazendo limonada. Um fez um copo pequeno. O outro fez um copo grande. Eles vão usar um torrão de açúcar cada. A limonada de um vai ficar mais doce do que a do outro? Por quê?

Problema tipo B

Dois garotos estão fazendo limonada. Eles usaram a mesma quantidade de água e de suco de limão. Um vai usar um torrão de açúcar e o outro vai usar dois. A limonada de um vai ficar mais doce do que a do outro? Por quê?

Percentagem de alunos acertando todos os itens do mesmo tipo

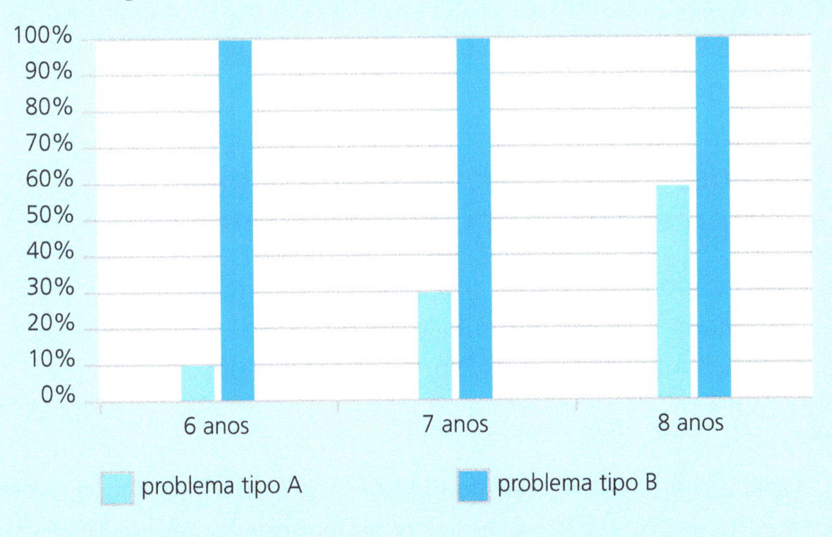

Observe-se que em todos os problemas é possível apresentar as questões de maneira diferente. Por exemplo, no problema 1 A, as crianças compraram quantidades diferentes de pipoca e pagaram o mesmo preço. Quando perguntamos se a pipoca é mais cara em uma loja do que na outra, as relações a serem consideradas no problema são relações *inversamente proporcionais*: quanto menos pipoca na caixa, mais cara vai ser a pipoca. No problema 1B, as crianças compraram a mesma quantidade de pipoca e pagaram preços diferentes. Quando perguntamos se a pipoca custa mais caro numa loja do que na outra, as relações a serem consideradas são *diretamente proporcionais*: quanto mais dinheiro foi gasto, mais cara é a pipoca. O gráfico mostra o percentual de acerto nas três questões do mesmo tipo, A ou B, por faixa etária. Não foram observadas diferenças entre os três tipos de questão quanto ao desempenho dos alunos. Em todos os exemplos, observamos uma diferença marcante nos resultados quando a pergunta feita requer que os alunos pensem sobre relações diretamente ou inversamente proporcionais. As perguntas que se referem a relações diretamente proporcionais são sempre muito fáceis e as que se referem a relações inversamente proporcionais são as que mostram diferenças em função da idade e escolaridade dos alunos.

Como as dificuldades dos alunos são sempre com relações inversamente proporcionais, a fim de promovermos o desenvolvimento do raciocínio sobre quantidades intensivas, precisamos concentrar-nos nas questões em que as relações a serem consideradas pelos alunos sejam inversamente proporcionais.

Atividades para promover o desenvolvimento da compreensão das quantidades intensivas

Existem poucos estudos investigando que atividades podem ser desenvolvidas em sala de aula para promover a compreensão de quantidades intensivas. Duas hipóteses são encontradas na literatura sobre maneiras de promover a compreensão das relações inversas em quantidades intensivas.

Uma das propostas, investigada por Jane Correa, consiste em apresentar situações práticas aos alunos, pedir-lhes que façam previsões sobre o resultado de uma ação, e em seguida realizar a ação. Dessa forma o professor pode oferecer aos alunos a oportunidade de refletir sobre seus esquemas de ação e sobre as relações na situação. Seu trabalho foi realizado com crianças mais jovens, na faixa etária de 5 e 6 anos. Correa apresentou aos alunos em seu estudo uma situação como a descrita no problema 2, tipo A, porém usando medidas descontínuas. Seu problema referia-se a coelhos, que são animais de estimação mais comuns na Inglaterra, onde ela fez seu experimento, do que no Brasil. Adaptando sua metodologia, o professor poderia apresentar o seguinte problema: "Vamos organizar uma festa para os garotos da classe e outra separada para as garotas. Na classe há 12 garotas e 8 garotos. Para cada festa, compramos 24 bombons. Em cada festa, os bombons vão ser distribuídos igualmente entre os participantes. Os garotos e as garotas vão ganhar o mesmo número de bombons? Por quê?" Após responderem à questão, os alunos tiveram a oportunidade de resolver o problema prático, verificando se sua resposta foi correta. Correa apresentou uma série de problemas como esses aos alunos, incluindo exemplos do tipo A e do tipo B. A fim de verificar a eficácia de sua metodologia de ensino, ela avaliou os alunos antes e depois das sessões de ensino em problemas do mesmo tipo, mas que não eram resolvidos com a presença de material. Correa também comparou o desempenho dos alunos que participaram das sessões de ensino com o desempenho de um grupo de alunos que não receberam essa forma de ensino. Os resultados das avaliações mostraram que o grupo que recebeu instrução através da execução das ações mostrou progresso significativo na compreensão das relações inversamente proporcionais.

Uma segunda metodologia foi proposta por uma pesquisadora israelense, Dina Tirosh, e seus colaboradores. Seu trabalho foi realizado com alunos mais avançados, de idade equivalente à quinta ou sexta série. Tirosh propunha aos alunos que resolvessem uma série de situações envolvendo relações diretamente e inversamente proporcionais. As situações foram escolhidas de modo a provocar contradição nas respostas dos alunos: embora as questões fossem semelhantes, os alunos chegariam a conclusões diferentes. Ao perceber sua contradição, os alunos em geral tentam analisar o problema a partir de outra perspectiva, chegando frequentemente a um progresso significativo em sua compreensão. Essa metodologia é conhecida como o uso do "conflito cognitivo", que segundo Piaget é o mais importante processo para promover o desenvolvimento intelectual.

A Figura 4.8 apresenta alguns exemplos, que adaptamos para nossas investigações, e comentários sobre os aspectos importantes da situação.

figura 4.8

Exemplo 1

Cinco amigos da 1ª série compraram um pão para dividirem entre si na hora do recreio. Três amigos da 2ª série compraram um pão igual para dividirem na hora do recreio. Quem vai ganhar mais pão, os garotos da 1ª ou os garotos da 2ª série? Por quê?

Jane Correa usou um problema como esse em sua abordagem para ensinar os alunos a refletirem sobre relações inversas. Ela usou quantidades descontínuas. Ekaterina Kornilaki, analisando o desempenho de alunos da escola primária, observou que eles não tinham mais dificuldades com quantidades contínuas do que descontínuas, no que diz respeito à compreensão das relações inversas. O professor pode, portanto, usar tanto problemas com quantidades contínuas como problemas com quantidades descontínuas.

Um erro comum nesse tipo de problema é dizer que, quanto maior o grupo de amigos, maior será o pedaço de pão que eles vão receber.

Os alunos que apresentam essa resposta estão tentando considerar as duas variáveis ao mesmo tempo, mas não conseguem lidar com as relações inversas. Os alunos mais jovens tendem a responder que todos vão ganhar a mesma quantidade de pão, porque o pão que eles compraram é do mesmo tamanho; eles consideram apenas uma variável, o tamanho do pão, e não dão atenção ao número de amigos.

Muitas vezes os alunos não conseguem responder corretamente mas sentem a necessidade de representar os pedaços para poder fazer a comparação, e isso leva a discussões interessantes entre os alunos.

Exemplo 2

Duas amigas fizeram groselha no sábado misturando dois litros de groselha para cada litro de água. Ficou delicioso. No domingo elas queriam fazer muito suco porque outras amiguinhas iam visitá-las. Cristina acha que elas devem aumentar a receita, acrescentando um litro de água e um de groselha. Daniela acha que elas devem aumentar a receita usando o dobro das duas quantidades. O que você acha? Qual das duas receitas terá o mesmo gosto que o suco do sábado, a de Cristina ou a de Daniela?

Durante diferentes fases no seu desenvolvimento, os alunos consideram ideias diferentes sobre como aumentar as quantidades extensivas — isto é, a quantidade total de suco — sem mudar a quantidade intensiva — isto é, o gosto do suco. Nossas investigações mostram que, quando apresentamos o problema de tal modo que o raciocínio por correspondências fique claro (dois litros de groselha para cada litro de suco), os alunos chegam à resposta correta mais facilmente. No entanto, alguns alunos sugerem que o gosto será o mesmo se a mesma quantidade de água e de groselha for acrescentada à receita original. Uma forma de provocar o conflito cognitivo é explicitar as duas alternativas e permitir que os alunos explorem as duas respostas. Kathleen Hart, uma pesquisadora inglesa, observou que nem sempre os alunos optam pela solução correta numa situação como essa. O professor precisa estar preparado para possibilitar aos alunos a oportunidade de testar suas hipóteses — talvez usando copos ao invés de litros e tendo água e um suco concentrado para os alunos misturarem e provarem.

Exemplo 3

Um garoto pintou sua casa usando uma mistura de tinta azul com tinta branca, para fazer um azul claro. Ele usou 3 litros de tinta azul e 3 litros de tinta branca. Mas ficou faltando um pedaço da parede. Ele calcula que precisa de mais um litro de tinta para pintar o resto. A loja vende latas de tinta de 1 litro, meio litro e um quarto de litro. Faça a lista do que ele deve comprar e como vai ser a mistura para que a cor seja exatamente a mesma.

Muitas vezes os alunos acham mais fácil aumentar uma quantidade extensiva mantendo a intensiva constante do que diminuir. Esse problema exige que eles pensem em diminuir a quantidade.

A apresentação do problema em desenho, como nesse exemplo, facilita a percepção de que a mistura foi feita meio a meio. Problemas envolvendo metade são mais facilmente compreendidos pelos alunos mais jovens e podem ser utilizados para provocar a conexão entre o esquema de correspondência e o raciocínio sobre quantidades intensivas.

Despina Desli observou em seus estudos que os alunos mais jovens têm maior probabilidade de sucesso em problemas envolvendo quantidades intensivas quando eles conseguem compreender essas quantidades através do esquema de correspondência. Esse esquema é a base do raciocínio multiplicativo e da compreensão das quantidades intensivas.

Após usar problemas mais simples como os apresentados nessa figura, o professor precisa estender o conceito de quantidades intensivas em coordenação com o esquema da correspondência um-a-muitos. Há muitos exemplos de quantidades intensivas em ciências e na vida diária. A velocidade é uma quantidade intensiva que pode ser explorada em classe.

em resumo

- Podemos classificar as quantidades usando diferentes tipos de critério. Uma das maneiras de classificar as quantidades é distinguir quantidades extensivas e intensivas. Essa classificação se baseia no fato de que diferentes pressupostos lógicos formam a base para a compreensão das quantidades extensivas e intensivas.
- Quando a medida de uma quantidade baseia-se na comparação de duas quantidades da mesma natureza e na lógica parte-todo, dizemos que a medida se refere a uma quantidade extensiva.
- As medidas baseadas na relação entre duas quantidades diferentes são medidas de quantidades intensivas.
- A lógica das quantidades extensivas baseia-se, como vimos, na relação parte-todo: portanto, no raciocínio aditivo. A lógica das quantidades intensivas baseia-se numa relação entre duas quantidades: portanto, no raciocínio multiplicativo.
- As principais dificuldades na compreensão das quantidades extensivas são a ideia de utilizar um padrão menor do que o objeto medido e de aplicá-lo repetidamente para obter um número que descreva o objeto. A expressão "cinco centímetros" significa o uso da unidade centímetros repetidamente. A medida de quantidades contínuas é um aspecto do desenvolvimento da compreensão de quantidades extensivas que pode ser promovida em sala de aula, trabalhando-se as relações parte-todo.
- O obstáculo básico à compreensão das quantidades intensivas reside na dificuldade que as crianças têm em pensar "relativamente": de modo especial, quando as relações a serem consideradas são inversas.
- Frequentemente é possível formular duas perguntas distintas sobre situações semelhantes, uma baseada na análise de relações diretamente proporcionais e outra baseada na análise de relações inversamente proporcionais. Desde cedo (aproximadamente 5 anos) as crianças respondem corretamente a perguntas baseadas em relações diretamente proporcionais. Em contraste, perguntas baseadas em relações inversamente proporcionais são difíceis até mesmo para alunos de 8 anos,

pois apenas dois terços dos alunos sabem responder corretamente a essas questões.

- Correa mostrou que o uso de experiências práticas como forma de verificar as previsões feitas pelos alunos sobre uma situação envolvendo relações inversas tem efeitos positivos sobre a capacidade dos alunos mais jovens de refletir sobre relações inversas.
- Tirosh e seus colaboradores, trabalhando com alunos mais adiantados, mostraram que a apresentação de situações que levam a conflito cognitivo e sua discussão em classe tem efeitos positivos à compreensão das relações inversas.
- Os resultados de estudos feitos em escolas públicas em São Paulo confirmam a importância de criarmos um programa para estimular o raciocínio sobre relações inversas entre alunos brasileiros durante os dois primeiros ciclos do ensino fundamental.

atividades sugeridas para a formação do professor

1 Usando as situações apresentadas nas diversas figuras do capítulo, avaliar alunos individualmente ou em grupo, traçando com os colegas um perfil do progresso na compreensão das quantidades extensivas e intensivas numa amostra de alunos de primeira a quarta série.

2 Usando as mesmas tarefas, trabalhar com pequenos grupos de alunos e observar seus métodos de resolução de problema. Como sugerido anteriormente, os alunos devem ter a oportunidade de resolver o problema individualmente antes de discutir sua solução em grupo. O professor observa as estratégias de resolução de problema e faz anotações para discutir suas observações com outros professores.

3 Junto com colegas que coletarem dados em diferentes escolas, elaborar uma tabela com percentuais de acerto por série. Comparar os resultados com aqueles obtidos em outros países, discutindo hipóteses que possam explicar as semelhanças e diferenças entre os resultados.

CAPÍTULO 5

Razão e frações: representando quantidades intensivas

Objetivos ■ considerar a representação das quantidades intensivas ■ descrever brevemente o desenvolvimento da compreensão da representação das quantidades intensivas ■ explorar as consequências de representarmos quantidades intensivas por razões ou frações ■ apresentar modelos de atividades criadas com a finalidade de promover a compreensão da representação fracionária.

Representando quantidades intensivas: razões e frações

Como discutido no capítulo 4, as quantidades intensivas são medidas pela relação entre duas unidades diferentes: por exemplo, Reais por quilo, quantidade de açúcar em relação à quantidade de suco, quantidade de suco concentrado em relação à quantidade de água. Isso significa que a representação numérica das quantidades intensivas difere da representação das quantidades extensivas porque as quantidades extensivas podem ser descritas por um único valor: cinco centímetros, dois quilos, três colheres de açúcar. Como temos que usar dois valores para representar uma quantidade intensiva, as quantidades intensivas são frequentemente representadas por uma razão ou uma fração.

Podemos distinguir dois tipos de quantidades intensivas. Em algumas delas, as duas unidades diferentes estão combinadas, formando um todo. Por exemplo, quando misturamos suco concentrado e água, estamos formando um todo. Nesse caso, podemos descrever a concentração do suco de duas maneiras:

2 copos de suco concentrado para cada copo de água; ou

$^2/_3$ de suco concentrado e $^1/_3$ de água.

A primeira representação é expressa em termos de uma razão; a segunda é expressa em termos de uma fração. Observe-se que a razão é 2 para 1; a fração expressa a mesma relação, porém usando $^2/_3$ e $^1/_3$.

Existem algumas quantidades intensivas que não podem ser representadas por frações: por exemplo, quando dizemos "2 Reais por quilo de fruta", expressamos o preço em forma de uma razão; essa expressão não pode ser transformada numa fração com a finalidade de representar o valor da quantidade. A fração *como uma expressão de quantidade* — por exemplo, dois terços, um quinto etc. — somente é aplicável a quantidades intensivas quando as duas unidades diferentes podem ser reunidas em um todo, como no caso de dois terços de concentrado e um terço de água. Como veremos mais tarde nesse capítulo, a *fração escrita* não tem somente esse sentido de quantificação. Ela pode ser usada também para representar uma divisão: $^2/_3$ além de indicar uma quantidade, "dois terços", também significa "dois dividido por três".

Essa breve introdução apresenta as dificuldades da representação de quantidades intensivas, que analisaremos a seguir: as quantidades intensivas são representadas por dois números, formando uma razão ou fração.

Quando existem duas possibilidades de representar um conceito matemático, o professor precisa perguntar-se, de imediato, qual das duas formas de representação é mais acessível aos alunos nas diferentes idades para saber como tratar o conceito em sala de aula.

O desenvolvimento da compreensão da representação de quantidades por razões ou frações

Infelizmente, existem muito poucos estudos investigando a dificuldade relativa dessas duas formas de representação, embora essa questão seja de grande importância. No entanto, é possível que talvez não exista uma resposta única, aplicável em todos os contextos educacionais e culturais. Os resultados de estudos comparando a dificuldade relativa do uso da representação de quantidades intensivas por meio de razões ou frações podem depender do contexto educacional em que o estudo for realizado — ou seja, os resultados podem variar em função de quando e como essas representações foram ensinadas na sala de aula e de seu uso fora da sala de aula. Por exemplo, numa cultura em que predominem os sistemas métricos decimais, como no Brasil, as frações ordinárias são frequentemente evitadas fora da sala de aula. Ao medirmos, por exemplo, uma mesa que tenha 1,7 m de comprimento, expressamos essa medida como "um metro e setenta centímetros", evitando, assim, o uso de frações: tanto metros como centímetros estão sendo descritos em termos de inteiros. Nas medidas conhecidas como "sistema imperial" — ou seja, em polegadas — o uso das frações ordinárias é mais comum, pois frequentemente as medidas são expressas como "uma polegada e um quarto" ou "uma polegada e um oitavo". É possível que esse sistema de medidas torne a linguagem de frações mais habitual na vida cotidiana e, portanto, mais familiar aos alunos.

Nossa colaboradora Despina Desli realizou um estudo comparando a influência da representação de quantidades intensivas por meio da linguagem de razões ou frações sobre o desempenho de crianças inglesas em resolução de problemas envolvendo quantidades intensivas. É difícil caracterizar o ambiente cultural nesse caso, pois a Inglaterra utilizou predominantemente o sistema imperial por muitos anos mas introduziu o sistema métrico decimal no comércio varejista há aproximadamente uma década, passando por um período de transição em que os produtos vinham com rótulos indicando as quantidades usando ambos os sistemas. No entanto, não se pode pensar no contexto cultural hoje como inteiramente definido, pois muitos ainda preferem o sistema imperial e o utilizam na vida diária. Quanto ao contexto educacional, sabemos que os elementos mais simples do vocabulário de frações ordinárias — "metade", "quarto" e "terço" — são introduzidos na escola antes dos oito anos, enquanto que a representação matemática escrita é apresentada mais tarde. A linguagem de razões, no entanto, é introduzida mais tarde ainda, em torno de 11 anos, quando é apresentado o conceito de proporções. O contexto educacional, portanto, é semelhante àquele que observamos no Brasil. De uma forma geral, o contexto cultural e educacional inglês talvez favoreça o conhecimento da linguagem de frações antes dos 11 anos, em comparação com a linguagem de razões. Resta saber se, nesse contexto, a apresentação de problemas com linguagem fracionária ou de razões é mais facilmente compreendida pelos alunos.

Desli escolheu para seu estudo dois problemas envolvendo misturas de líquido, sendo um deles uma mistura de suco concentrado com água para fazer suco com o sabor desejado e o outro uma mistura de tintas para produzir a cor desejada. A apresentação do problema era inicialmente a mesma em cada conteúdo. No caso do suco de laranja, por exemplo, o problema iniciava-se com a seguinte introdução: "Duas garotas fizeram suco de laranja seguindo uma receita que tem exatamente o sabor que elas mais gostam." A seguir, os problemas tornavam-se diferentes, usando-se ou a linguagem de frações ou a linguagem de razões para descrever a receita. No caso da *linguagem de frações*, o problema dizia: "A receita indicava que é necessário usar um terço de suco concentrado e dois terços de água. Elas querem fazer 18 litros de suco. Quanto de água e quanto de concentrado elas devem usar?" No caso da *linguagem de razões*, o problema dizia: "A receita indicava que é necessário usar 1 vidro de suco concentrado para cada 2 vidros de água. Elas querem fazer 18 litros de suco. Quanto de água e quanto de concentrado elas devem usar?" No problema de mistura de cores, a apresentação era muito semelhante, sendo os valores um quarto de tinta branca e três quartos de tinta azul.

Os problemas foram apresentados oralmente. Metade das crianças tinha a oportunidade de resolver o problema usando materiais manipuláveis: vidrinhos alaranjados e brancos eram colocados sobre a mesa, no caso do problema de suco de laranja, e pequenas latas brancas e azuis, no caso do problema da mistura de tintas.

Desli observou que o desempenho dos alunos não diferia em função do problema: as percentagens de respostas corretas eram muito semelhantes em todas as idades para os dois tipos de problema. Os fatores que tiveram uma influência significativa sobre o desempenho dos alunos foram a linguagem utilizada, frações ou razões, e a presença ou ausência de material manipulável que podia ser usado na resolução do problema. A Figura 5.1 mostra os resultados combinados para os dois tipos de problema.

figura 5.1

Duas garotas estão fazendo suco.

Linguagem de frações: A receita indica que elas devem usar um terço de suco concentrado e dois terços de água.

Linguagem de razões: A receita indica que elas devem usar um vidro de suco concentrado para cada dois vidros de água.

Elas querem fazer 18 litros de suco para a festa da escola. Quanto de suco e quanto de água elas devem usar?

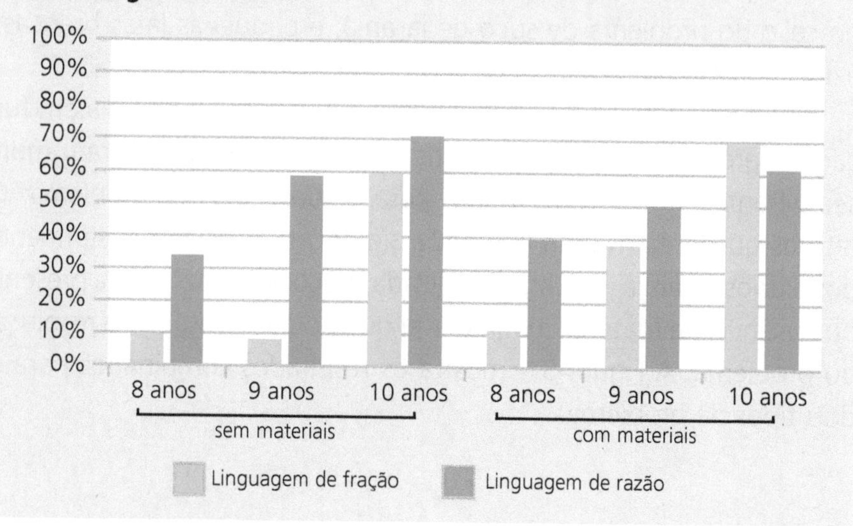

Observa-se no gráfico que os alunos de 8 e 9 anos mostraram desempenho superior quando a linguagem usada para descrever o problema era a de razões, embora eles tivessem familiaridade com as expressões terço e quarto. Para os alunos de 10 anos, a linguagem já não tinha um efeito significativo. Salientamos que a compreensão da linguagem de razões demonstrada pelos alunos surge antes que os alunos tenham recebido instrução sobre razões na escola. Portanto, podemos concluir que a linguagem de razões deve sugerir aos alunos a utilização de um esquema de raciocínio com o qual eles têm familiaridade, enquanto que a linguagem de frações não parece ser tão facilmente assimilada aos seus esquemas de raciocínio.

Observa-se também que a presença de materiais facilitou o desempenho dos alunos quando a linguagem utilizada foi a de frações. É, portanto, interessante analisarmos como os alunos manipulavam os materiais.

Desli observou que, quando a linguagem de apresentação do problema era de razões, aproximadamente 30% dos alunos nos três níveis de idade utilizavam a correspondência um-a-muitos como esquema de raciocínio, construindo o total desejado a partir dessa correspondência. No problema do suco de laranja, por exemplo, os alunos colocavam um vidro laranja em correspondência com dois vidros brancos, dizendo "três litros"; repetiam a correspondência, dizendo "seis litros", e assim sucessivamente até obterem o total desejado de 18 litros. Os alunos eram eficientes no uso dessa estratégia tanto com materiais como sem materiais, pois na ausência de materiais encontravam outras maneiras de representar a correspondência.

No caso da linguagem de frações, os alunos mais jovens raramente mostravam um raciocínio fracionário — somente aproximadamente 5% dos alunos de 8 e 9 anos usaram esse raciocínio. No entanto, metade dos alunos de 10 anos mostrou-se capaz de manipular o material para encontrar a solução. Alguns alunos pegavam 18 vidros, formavam 3 grupos pois sabiam que um terço é o mesmo que dividir em três partes iguais, e depois contavam os elementos no grupo. Outros alunos, ao pensarem em dividir os 18 vidros em três partes iguais, se davam conta de que bastava calcular 18 dividido por 3, e encontravam a resposta sem precisar utilizar o material. Portanto, a presença do material manipulável parece ter funcionado como provocador da conexão entre as ideias de fração e de divisão, e isso resultou em uma percentagem de acerto maior em problemas resolvidos na presença de material manipulável quanto a linguagem de apresentação era fracionária.

Em resumo, a representação de quantidades intensivas pode ser feita utilizando-se a linguagem de razão ou de frações. Mesmo num contexto educacional onde a linguagem de frações é introduzida mais cedo do que a de razões, como na Inglaterra, os alunos têm maior facilidade em conectar as situações problemas a seu raciocínio multiplicativo quando um problema é apresentado usando-se a linguagem de razões do que usando-se a linguagem de frações.

Essas reflexões nos levam a considerar a importância de trabalharmos a conexão entre essas duas linguagens, uma vez que elas são baseadas no mesmo raciocínio multiplicativo. Na seção seguinte, discutimos atividades planejadas com essa finalidade.

Promovendo conexões entre a linguagem de frações e de razões e o raciocínio multiplicativo

Em nossos estudos anteriores (Campos, Jahn, Leme da Silva & Ferreira da Silva, 1995), observamos que muitos alunos não estabelecem uma conexão clara entre frações e o raciocínio multiplicativo. Nossa hipótese é que essa dificuldade resulta de um ensino inadequado do conceito de fração. Muitas vezes o conceito de fração é ensinado apenas como a rotulação de partes de um inteiro. Essa rotulação é o produto de uma dupla contagem de partes: o denominador é o número de partes em que um todo foi dividido e o numerador é o número de partes que foram pintadas. Nossos estudos mostraram que os alunos que aprendem frações apenas como uma rotina que leva a encontrar um nome para um pedaço de algo não se dão conta de aspectos de grande importância para a compreensão do conceito de frações, como a necessidade de termos partes iguais e a equivalência de frações. Por exemplo, se um todo foi dividido ao meio e depois uma das metades foi dividida em duas partes, se pintarmos os dois quartos e perguntarmos aos alunos "que parte foi pintada?", uma proporção significativa de alunos responde "dois terços", pois o todo aparece como dividido em três pedaços, com dois deles pintados. Os alunos que compreendem a necessidade de que as partes sejam iguais para que possamos falar em frações e que compreendem a equivalência de frações responderão "metade" ou "dois quartos", pois percebem que uma das metades está dividida em duas partes. Para que os alunos compreendam a importância fundamental da igualdade das partes, é essencial que eles estabeleçam uma conexão entre a operação de divisão, que produz sempre partes iguais, e o conceito de frações.

Leen Streefland, um pesquisador do Instituto Freudenthal, desenvolveu um programa para ensino de frações planejado com a finalidade de coordenar o conceito de fração com o raciocínio multiplicativo, criando explicitamente relações entre as ideias de fração como medida de quantidades (por exemplo, dois terços) e a ideia de fração como uma indicação de uma divisão ($^2/_3$ é o mesmo que dois dividido por três).

Streefland sugeriu que os alunos são capazes de compreender a ideia da representação fracionária, e particularmente a equivalência de frações, em situações em que lhes pedimos que façam uma distribuição equitativa. Ele sugeriu como situação inicial o problema apresentado na Figura 5.2.

figura 5.2

Temos três chocolates para distribuir igualmente entre quatro garotos. Como pode ser feita a distribuição?

Que parte do chocolate os garotos vão receber? Mostre a distribuição no desenho.

Escreva em frações quanto cada um vai ganhar.

Resp.: ______________________

Streefland enfatizou três aspectos importantes nesse problema como ponto de partida para o ensino de frações.

Primeiro, a situação refere-se a um problema de divisão que os alunos compreendem sem dificuldade a partir do esquema de distribuição, como vimos no capítulo 4. Dessa forma, as frações são apresentadas como relacionadas ao conceito de divisão.

Segundo, a divisão não é de uma unidade em áreas: temos mais de uma unidade — 3 chocolates — para serem divididos por 4 garotos. Isso permite aos alunos encontrarem uma variedade de soluções. Por exemplo, alguns alunos dividem dois chocolates ao meio, distribuindo metade de cada um desses para cada garoto. Depois dividem o terceiro chocolate em quatro partes, distribuindo cada quarto para um garoto. Outros alunos dividem cada chocolate em quatro partes, distribuindo um quarto de cada chocolate para cada garoto. Isso possibilita que os alunos comecem a ter uma experiência informal com a ideia de equivalência de frações, pois eles percebem que $^1/_2 + {}^1/_4$ e $^1/_4 + {}^1/_4 + {}^1/_4$ representam a mesma quantidade de chocolate. Streefland salienta que, caso divisões diferentes não apareçam espontaneamente, o professor pode provocá-las, perguntando aos alunos se os chocolates poderiam ser cortados de modo diferente mas chegando-se igualmente a uma distribuição justa.

Finalmente, o problema expõe os alunos a uma experiência informal com a soma de frações: $^1/_2 + {}^1/_4$ indica a mesma quantidade que $^1/_4 + {}^1/_4 + {}^1/_4$. Por quê?

A situação proposta por Streefland dá continuidade à análise de situações propostas no capítulo 4, levando à representação numérica das quantidades intensivas por meio de frações. A quantidade intensiva — chocolate por garoto — é representada em termos de fração da barra de chocolate. A Figura 5.3 mostra um exemplo dos diagramas utilizados por Streefland para focalizar a atenção dos alunos sobre a equivalência de frações e também sobre a conexão entre frações e divisão: 1 pizza dividida entre 4 garotos é o mesmo que $^1/_4$, que também equivale a $^2/_8$ ou duas pizzas divididas entre 8 garotos, que também equivale a $^4/_{16}$ ou 4 pizzas divididas entre 16 garotos. Várias situações semelhantes podem ser propostas, sempre criando-se a oportunidade de comparar diferentes maneiras de se fazer a divisão e sua representação numérica.

Ao mesmo tempo, o professor deve sempre referir-se às frações como "um quarto" e "um dividido por quatro", promovendo o estabelecimento de relações entre os dois sentidos da representação $^1/_4$.

figura 5.3

- Na festa da escola os alunos da 3ª série receberam 4 pizzas para dividir entre si. São 16 alunos. Quanto cada aluno vai receber?
- Não havia na sala uma mesa ao redor da qual todos pudessem se assentar. Se os alunos se separarem em duas mesas, quantos alunos e quantas pizzas serão por mesa?
- Se eles se separarem em quatro mesas, quantos alunos e quantas pizzas por mesa?

Streefland sugeriu o uso de situações como essa com dois objetivos: focalizar a atenção dos alunos na equivalência de frações e enfatizar o significado de divisão na representação fracionária. Ele sugeriu também a introdução de diagramas auxiliares nessa análise, como o apresentado ao lado. Observe-se que o número no círculo pode representar o número de pizzas ou o número de pedaços, pois o desenho mostra as pizzas cortadas em 8 pedaços, como se faz frequentemente nas pizzarias.

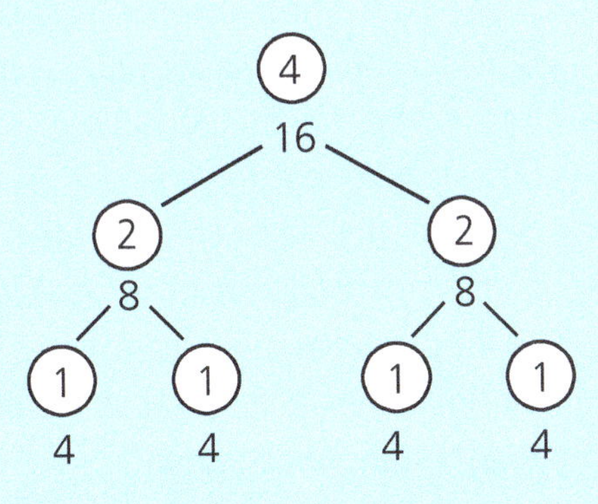

Finalmente, uma situação sugerida por Lima (1993) consiste em estabelecer relações sistemáticas entre as partes e o todo, fazendo-se subdivisões de uma parte ao mesmo tempo em que se coloca a questão "quantos pedaços como esse seriam necessários para formar um todo?". Por exemplo, se começarmos de um todo dividido em dois, tomamos uma das metades, dividimos novamente em dois, perguntando "quantos pedaços como esse (o resultado de dividir metade em dois) seriam necessários para formar um chocolate inteiro?". A Figura 5.4 mostra um exemplo dessas situações; para outros exemplos, ver Lima (1993).

figura 5.4

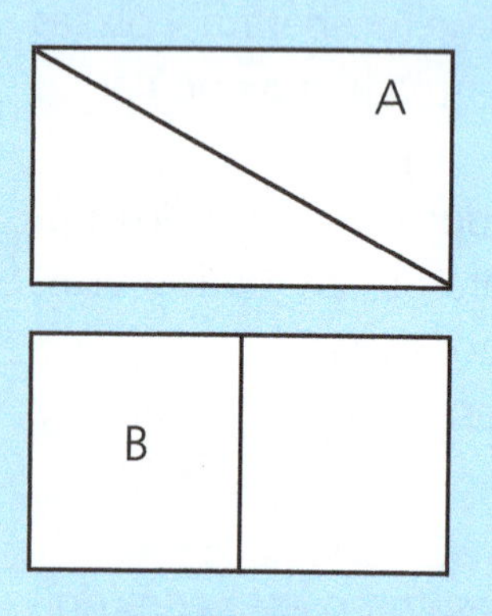

Em primeiro lugar, apresenta-se aos alunos dois retângulos cortados em papel, e os alunos verificam que eles têm o mesmo tamanho. Os alunos podem imaginar que os retângulos são bolos; a pergunta será: se um aluno comer o "bolo" de cima e o outro comer o debaixo, os dois terão comido a mesma quantidade de bolo?

Em seguida, pede-se aos alunos que cortem os retângulos, dividindo-os ao meio como indicado no desenho acima. Os alunos verificam que os dois pedaços do mesmo retângulo são iguais, colocando um sobre o outro. Os alunos devem responder: (1) se um aluno comer o bolo triângulo A e outro comer o bolo retângulo B, os dois terão comido a mesma quantidade de bolo?; (2) quantos pedaços iguais a A e a B são necessários para formarmos um bolo inteiro?; (3) que fração do bolo é representada por A e por B?

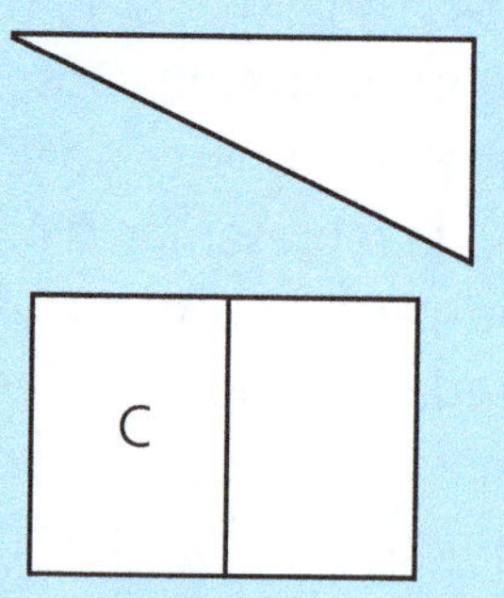

As próximas questões serão respondidas apenas a partir da lógica, pois as comparações perceptuais não poderão mais auxiliar os alunos. O triângulo A deve ser comparado com frações do retângulo B, resultantes de divisões sucessivas. Por exemplo, o retângulo B pode ser dividido ao meio, em três partes etc. Os alunos devem responder: (1) se um aluno comer "o bolo triângulo A" e outro comer "o bolo retângulo C", os dois terão comido a mesma quantidade de bolo?; (2) quantos pedaços iguais a C são necessários para formarmos um bolo inteiro?; (3) que fração do bolo é representada por A e por C?; (4) se um aluno comer um pedaço igual a A, quantos pedaços iguais a C o outro deve comer para que os dois comam a mesma quantidade?

Figura 5.5

Exemplo 1

Usando a mesma metodologia descrita nas tarefas anteriores, o professor pode fazer diversas perguntas:

- Quantas crianças por torta de maçã?
- Que fração da torta as crianças vão ganhar?
- Se colocarmos uma torta em cada mesa, quantas crianças por mesa?

Exemplo 2

Duas garotas fizeram suco. Patrícia usou dois litros de água e três de groselha. Célia usou um litro de água e dois de groselha. Que fração do suco é groselha na mistura feita por Patrícia? Que fração do suco é groselha na mistura feita por Célia?

Exemplo 3

Dois garotos fizeram uma mistura de tinta para pintar as paredes de seu quarto. João usou um terço de tinta branca e o restante de verde. Alex usou dois quintos de tinta branca e o restante de verde. Para cada litro de tinta branca, quantos litros de tinta verde João usou? Para cada litro de tinta branca, quantos litros de tinta verde Alex usou? Qual dos dois quartos vai ser verde mais escuro?

Além de promover o estabelecimento de relações entre situações de divisão e a notação fracionária, é importante que o professor procure também estabelecer relações entre a notação de razões e frações. A Figura 5.5 mostra dois problemas que indicam que essa conversão não é automática. Quando perguntamos "quantas crianças por torta" e "que fração da torta", vemos que as respostas envolvem uma conversão simples: uma torta 3 crianças, 1 dividido por 3, ou cada criança recebe um terço de torta. Nos problemas em que as duas quantidades extensivas são reunidas para formar um todo, a situação é diferente: um litro de água para dois litros de groselha significa que a mistura tem um terço de água. Não podemos esperar que os alunos reconheçam essas dificuldades de imediato, ou que discriminem facilmente entre as duas situações sem que tenham tido a oportunidade de refletir várias vezes sobre as conexões entre a representação fracionária e por meio de razões. Essa é uma das tarefas importantes para a escola: promover a conexão entre quantidades intensivas, raciocínio multiplicativo e as linguagens de razão e frações.

em resumo

- A representação de medidas de quantidades extensivas é feita por um número. A representação de medidas de quantidades intensivas é feita pela relação entre dois números.
- Os números podem estar organizados em forma de razão, um *x* para cada dois *y*, ou em forma de frações, *x* dividido por *y*.
- Ao introduzirmos a representação fracionária, é importante estabelecermos uma relação entre o raciocínio multiplicativo e as frações.
- É também importante promovermos a compreensão do conceito de equivalência de frações. Streefland e seus colaboradores desenvolveram um programa para a introdução da notação fracionária que dá ênfase ao conceito de equivalência e à conexão entre frações e divisão.
- Também é importante promovermos reflexões sobre as relações entre representação fracionária e representação por razões.
- Muitas vezes na vida diária evitamos o uso de frações — por exemplo, exprimindo medidas somente em termos de inteiros, como "um metro e setenta centímetros". Isso significa que a escola tem um papel significativo sobre o desenvolvimento dos conceitos matemáticos dos alunos ao estimular o uso de representações fracionárias, uma vez que as oportunidades fora da escola podem ser reduzidas.

atividades sugeridas para a formação do professor

1 Usando as situações apresentadas nas diversas figuras do capítulo, avaliar alguns alunos individualmente, traçando com os colegas um perfil do progresso dos alunos na compreensão da equivalência de frações.

2 Desenvolver uma avaliação para investigar em que série os alunos sabem encontrar soluções para problemas apresentados em linguagem de razão e em linguagem fracionária. A fim de preparar essa avaliação, identificar a série escolar em que as linguagens de fração e razão estão sendo introduzidas na escola e identificar usos dessas linguagens na vida diária.

3 Aplicar a mesma avaliação a adultos de diferentes níveis de escolaridade que não tenham formação em matemática. Analisar o sucesso relativo da escola na promoção do desenvolvimento da compreensão de razões e frações.

4 Junto com colegas que coletarem dados em diferentes escolas, elaborar uma tabela com percentuais de acerto por série na avaliação acima.

CAPÍTULO 6

Ampliando os conceitos básicos

Objetivos ■ considerar diversas maneiras de levar os alunos a aplicarem as operações aditivas e multiplicativas a quantidades maiores ■ analisar problemas que possibilitem aos alunos estender o uso do raciocínio aditivo e multiplicativo a novas situações.

Calculando com números grandes

Nos capítulos anteriores, nossa atenção concentrou-se sobre os conceitos básicos que o aluno precisa desenvolver para aprender matemática. Nossos exemplos focalizaram o raciocínio em uma variedade de situações, sempre trabalhando com números pequenos a fim de evitar que as dificuldades causadas pelo cálculo com números grandes interferissem com o desenvolvimento do raciocínio. No entanto, não podemos restringir a aprendizagem escolar ao trabalho com números pequenos. É preciso garantir que os alunos se tornem capazes de calcular usando números grandes.

A separação que fizemos entre raciocínio e cálculo deve ser considerada cuidadosamente. O raciocínio matemático pode existir na ausência da habilidade de cálculo? A habilidade de cálculo pode existir na ausência de raciocínio? Até que ponto essa separação pode ser justificada na sala de aula?

Muitos investigadores sugerem que o raciocínio matemático não pode ser considerado como idêntico à habilidade de calcular. Piaget foi o primeiro a sugerir que saber somar e compreender a lógica da adição são duas capacidades distintas. Ele verificou essa distinção entre somar e compreender a lógica da adição usando uma tarefa que é conhecida como *inclusão de classes*. A tarefa aparece esquematicamente apresentada na Figura 6.1 (para maiores detalhes no uso dessa tarefa, ver Carraher, 1994).

figura 6.1

O professor coloca sobre a mesa algumas figuras de gatos e cachorros e pergunta ao aluno. Quantos gatos temos aqui? Quantos cachorros temos aqui? Temos mais gatos ou mais cachorros? Por quê? O gato é o quê, uma planta, uma fruta, um animal? E o cachorro, é o quê? Aqui na mesa, temos mais gatos ou mais cachorros? (questão lógica) Por quê? Quantos gatos temos? Se eu colocasse mais 4 gatos na mesa, quantos gatos iríamos ter? (questão de cálculo)

O exame de inclusão de classes é feito para verificar se o aluno compreende que, necessariamente, o todo é maior do que qualquer uma de suas partes. Como vimos no capítulo 2, o raciocínio aditivo é baseado na lógica das relações parte-todo. Piaget observou que as crianças podem aprender a fazer contas de somar — por exemplo, responder à questão 'se eu colocasse mais 4 gatos na mesa, quantos gatos iríamos ter?' — sem compreender a lógica das relações parte--todo. Essas observações de Piaget foram confirmadas em muitas outras pesquisas em diferentes países do mundo.

Os resultados dessas investigações mostram que não basta aprender a resolver continhas de somar para compreender a lógica da adição.

Após as primeiras observações de Piaget, alguns educadores interpretaram esses resultados como indicando que a compreensão da inclusão de classes seria um pré-requisito para que os alunos pudessem começar a aprender matemática. No entanto, não foi esse o argumento de Piaget. O que Piaget sugeriu foi que ensinar os alunos a fazer contas não é suficiente para que eles compreendam as relações parte-todo. É necessário que os alunos reflitam sobre a lógica das relações parte-todo para que seu raciocínio se desenvolva.

A partir das investigações iniciais de Piaget e de muitos outros estudos, sabemos hoje que não há uma relação causal entre compreender a lógica da adição e saber fazer contas de somar. Tanto é possível aprender a fazer contas sem compreender a lógica da adição como é possível compreender a lógica da adição sem saber fazer contas. Ao aplicar a tarefa descrita na Figura 6.1, é possível encontrarmos alunos que respondem corretamente à questão lógica mas incorretamente à questão aditiva como também encontramos alunos que respondem corretamente quanto é 7 + 4 mas incorretamente dizem que "há mais gatos do que animais sobre a mesa".

Essa separação entre a lógica da adição e a capacidade de resolver contas não se aplica apenas a números pequenos. Muitos investigadores já demonstraram que é possível aprender os algoritmos escritos da soma e da subtração sem compreensão da lógica subjacente a esses algoritmos como também é possível compreender os princípios lógicos desses algoritmos sem saber fazer contas por escrito. No Brasil, nossos estudos (ver Carraher, Carraher & Schliemann, 1988) mostraram que jovens e adultos não escolarizados podem não saber fazer contas com números grandes por escrito mas não têm dificuldade em fazer contas usando seu próprio raciocínio aditivo e seu conhecimento do sistema de numeração a nível oral.

Muitos investigadores já demonstraram que os alunos podem aprender os algoritmos escritos na escola sem compreender sua lógica. A pesquisadora inglesa Kathleen Hart, por exemplo, documentou essa separação entre habilidade de resolver contas por escrito e compreensão dos princípios lógicos subjacentes aos algoritmos através de entrevistas com alunos que sabiam resolver corretamente as contas de somar e subtrair com dois e três dígitos. Nessas entrevistas, ela pedia aos alunos que resolvessem uma soma ou subtração com reserva. Depois ela perguntava aos alunos, por exemplo, "quanto vale esse um que você escreveu aqui acima dos outros números?" — ou seja, o "1" do "vai um". Apesar de terem resolvido a conta corretamente, muitos alunos não sabiam responder essa questão. Alguns diziam que valia um e outros respondiam que valia dez, independentemente da coluna à qual o "um" tivesse sido acrescido, à coluna das dezenas ou das centenas. Em Pernambuco, Elizabete Miranda e Zélia Higino, pesquisadoras da Universidade Federal de Pernambuco, tiveram a oportunidade de corroborar essas observações em diversos estudos.

A independência entre a aprendizagem dos algoritmos e a compreensão de princípios lógicos está, portanto, claramente demonstrada. No entanto, isso não significa que essa separação seja desejável. Ao contrário, exatamente porque sabemos que a conexão entre essas duas habilidades pode não se desenvolver espontaneamente, um dos objetivos da educação deve ser promover a conexão entre a lógica da adição e a habilidade de cálculo. Infelizmente, existem relativamente poucos estudos que ajudem a esclarecer quais são as melhores maneiras de estabelecermos conexões entre a lógica da adição e o cálculo com números grandes. Consideramos, a seguir, alguns exemplos, separando as investigações relativas aos algoritmos da adição/subtração e as relativas aos algoritmos da multiplicação/divisão.

Estabelecendo conexões entre a lógica e os algoritmos da adição e da subtração

É importante considerarmos diferentes propostas desenvolvidas ao longo dos anos com a finalidade de estabelecer conexões entre os algoritmos da adição e subtração e a lógica da adição. Exemplificamos aqui três propostas. Enfatizamos que essas propostas não precisam ser consideradas como ideias alternativas irreconciliáveis entre si: utilizar uma abordagem não significa excluir outra. O professor pode desejar trabalhar com representações diferentes em momentos distintos, buscando auxiliar os alunos a estabelecerem múltiplas conexões entre a lógica da adição e os algoritmos.

1. Os blocos unifix. Os blocos unifix são pequenos cubos de plástico de aproximadamente 2 cm de aresta. Eles podem ser adquiridos em várias cores e podem ser encaixados uns nos outros, formando bastões com qualquer número de unidades desejado. Sua grande vantagem é a versatilidade, que resulta da possibilidade de construir padrões diversos usando diversas cores e unidades de diferente valor — por exemplo, unidades simples, duplas (ou seja, bastões com dois blocos), dezenas (ou seja, bastões com dez blocos) etc.

Uma das propostas para o ensino dos algoritmos da adição e da subtração muito difundida na Inglaterra e nos Estados Unidos utiliza os blocos unifix. Os alunos primeiro aprendem a representar os números utilizando os blocos encaixados formando bastões com dez unidades. Por exemplo, o número 25 é representado por dois bastões com 10 blocos encaixados e cinco unidades isoladas.

Após terem desenvolvido várias atividades com essa forma de representação, os algoritmos da soma e da subtração são ensinados, aliados a essa representação. O professor propõe, por exemplo, a conta 65 – 37. Espera-se que os alunos representem o número 65 usando 6 bastões de 10 unidades e 5 unidades isoladas. Ao tentar retirar 7 unidades isoladas dos 65, espera-se que os alunos percebam que isso não é possível, e juntem um bastão de 10 com as 5 unidades. Isso lhes daria 15 unidades, das quais iriam retirar 7, verificando que restam 8. Ao executar essas ações, os alunos deveriam representar a retirada de um bastão de 10 dos 6 que havia antes, anotar essa alteração no arranjo dos blocos (ou seja, cortar o "6" do 65 e substituir por um "5", anotando o empréstimo), e escrever o resultado de 15 – 7. Depois os alunos deveriam retirar as 3 dezenas das 5 dezenas e anotar o resultado final. A Figura 6.2 ilustra esse procedimento.

Kathleen Hart propôs a alunos que tinham recebido instrução no algoritmo de subtração com reserva que solucionassem problemas como o apresentado na Figura 6.2. Ela observou que, ao executar a subtração com os blocos, os alunos não seguem essas instruções. O procedimento mais comum é retirar 7 unidades de um bastão de dez e juntar as 3 que restam às 5 unidades isoladas. Hart concluiu que a proposta de fazer com que os alunos tratem o algoritmo da subtração como uma representação de suas ações com os objetos concretos não funciona porque, na verdade, os alunos não executam as ações da maneira esperada.

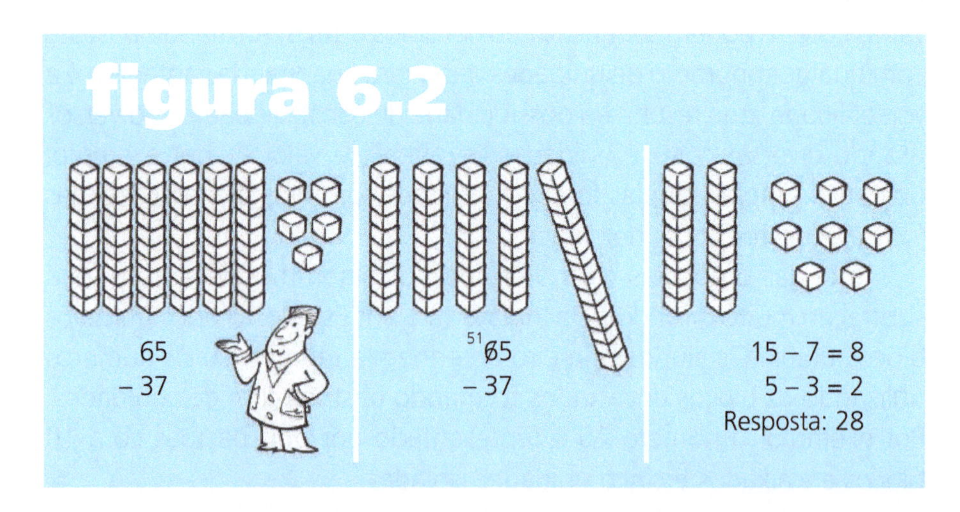

2. A reta numérica. Estimulados pelas observações de Hart quanto à impossibilidade de mapear diretamente uma ação a um algoritmo, o psicólogo holandês Meindert Beihuizen, da Universidade de Leiden, juntamente com os pesquisadores do Instituto Freudenthal, decidiram investigar uma forma alternativa de trabalhar com os alunos para levá-los a solucionar operações com números grandes. Duas propostas foram desenvolvidas no decorrer dos anos: o uso de um fio de contas coloridas e a reta numérica.

As contas coloridas são utilizadas para reforçar o uso do sistema decimal de modo consciente. Os alunos dispõem de um longo fio enfiado em cem contas, sendo que cada dez contas são de uma cor, mudando-se a cor nas dez seguintes. Dessa forma, as cores diferentes marcam as dezenas. Para localizar a conta número 43, por exemplo, os alunos não necessitam fazer a contagem de um em um. Os alunos habituam-se a contar de dez em dez e depois localizar os valores intermediários contando de um em um — por exemplo, para localizar a conta 43, contam 10, 20, 30, 40, 41, 42, 43. A reta numérica é introduzida como uma representação gráfica da mesma ideia. Os alunos utilizam ambos os instrumentos livremente para resolver operações, as quais sempre aparecem no contexto de resolução de problemas.

Quando os alunos já se habituaram a utilizar a reta numérica, o professor introduz retas numéricas vazias, mostrando aos alunos que é possível resolver problemas a partir dos números relevantes no problema, sem ser necessário começar do zero. Por exemplo, no problema "Carlos foi andar de bicicleta numa ciclovia; ele partiu do quilômetro 58 e chegou no quilômetro 83; quantos quilômetros ele pedalou?" o professor pode mostrar que é possível resolver o problema traçando a reta a partir do número 58 ou a partir do número 83 e pedir aos alunos que experimentem usar a reta dessa maneira. O professor apresenta a reta com os números 58 e 83 e sugere que os alunos a utilizem para resolver o problema. Um esquema desse problema (adaptado de Beishuizen) é apresentado na Figura 6.3.

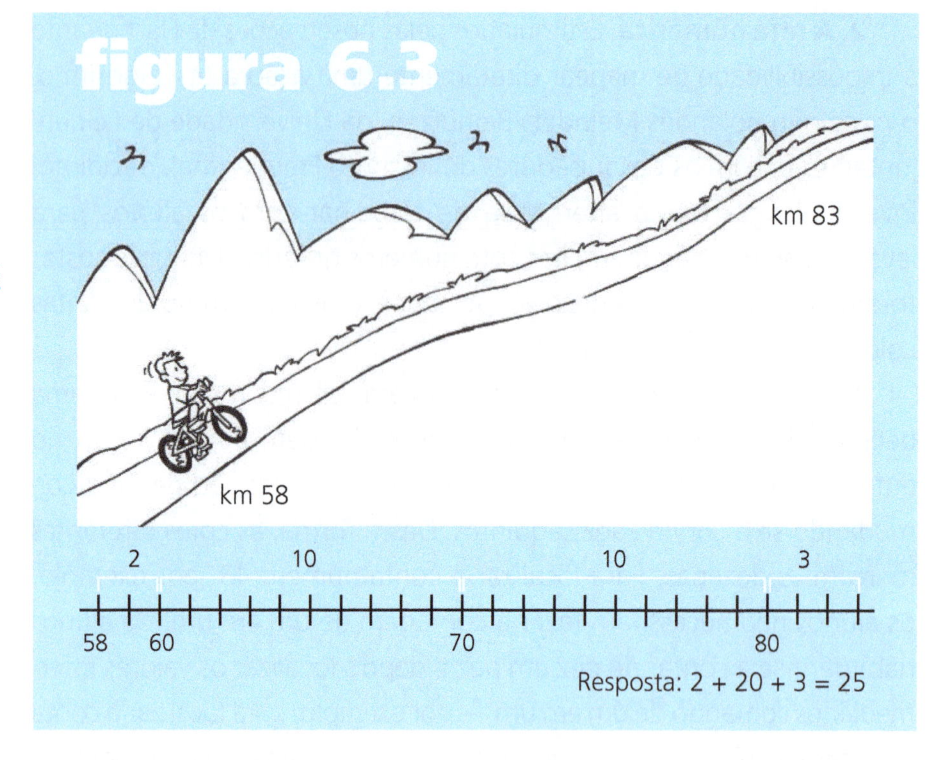

O problema escolhido, de certa forma, já sugere a ideia de uma linha numérica: uma ciclovia em que os quilômetros estão marcados. Os alunos podem representar o problema como uma adição ou uma subtração, pois as marcas na linha numérica podem ser feitas a partir de 58 ou a partir de 83.

Como os alunos já devem estar habituados a fazer a contagem de 10 em 10, não deverão sentir necessidade de preencher todos os valores dentro de uma dezena.

Para encontrar a resposta, os alunos somam os passos intermediários.

Como em outras ocasiões de resolução de problemas, os alunos resolvem as questões individualmente, comparando suas soluções posteriormente em pequenos grupos. Dessa forma, os alunos vão descobrindo, juntos, diferentes maneiras de simplificar o cálculo. Ao mesmo tempo, eles vão consolidando sua compreensão de princípios numéricos importantes, como a composição aditiva e a relação inversa entre adição e subtração.

Nessa abordagem, ao estenderem sua habilidade de cálculo a números grandes, os alunos não estão seguindo procedimentos prescritos pelo professor, mas utilizando sua compreensão para encontrar procedimentos mais eficientes.

Após alguns exemplos iniciais, o professor não sugere mais nada sobre o uso da reta numérica, simplesmente apresenta uma reta sem números para que os alunos marquem seus cálculos como desejarem. Beishuizen observou que os alunos utilizavam a reta numérica vazia de diferentes maneiras. Ao comparar suas soluções durante as discussões em grupo, os alunos tendiam a tornar o uso da reta numérica cada vez mais eficiente. Ao final do terceiro ano de escolaridade, quando o professor lhes apresentava o algoritmo escrito como uma forma de calcular, os alunos não tinham dificuldade em compreender o algoritmo e utilizá-lo, quando necessário.

Nossas observações confirmam a utilidade da reta numérica como um instrumento de cálculo que pode facilitar o trabalho com números grandes sem fazer com que os alunos deixem de lado a compreensão do problema. Em nossas observações, não introduzimos o fio de contas coloridas, mas uma fita métrica com as dezenas escritas em vermelho (10, 20, 30 etc.) e os valores intermediários escritos em preto. Observamos, como Beishuizen, que os alunos inicialmente contavam de um em um para resolver problemas, mas chegavam a contar de dez em dez com algum incentivo para se tornarem mais eficientes (para um resumo de recursos usados para o ensino do cálculo mental, ver Beishuizen & Anghlieri, 1998).

3. Usando o dinheiro para ensinar o sistema decimal. Maurício Figueiredo Lima, um de nossos colaboradores no projeto Aprender Pensando, realizado durante vários anos em Pernambuco, desenvolveu com as professoras uma forma de utilização do dinheiro para ensinar o sistema decimal e os algoritmos da soma e subtração. Lima propôs às professoras que trabalhassem com fichas coloridas representando moedas de valor predeterminado: por exemplo, fichas vermelhas representando 1 Real, fichas verdes representando 10 Reais e fichas amarelas representando 100 Reais. Observe-se que, na época do projeto, a moeda brasileira não era o Real, mas como esse detalhe não é relevante para a discussão, referimo-nos aqui ao Real para facilitar a apresentação do trabalho. Os alunos habituavam-se a essas convenções sem dificuldades, pois estão acostumados a brincar de "faz de conta".

Apesar do material utilizado em sala de aula não ser dinheiro de verdade, mas uma representação do dinheiro, a vantagem dessa proposta reside na possibilidade de generalização: os alunos lidam com dinheiro fora da sala de aula e têm, portanto, muitas oportunidades de refletir sobre situações semelhantes. Observe-se que esse não é o caso com os blocos unifix, que são objetos encontrados somente na sala de aula.

Lima propunha às professoras que trabalhassem de diversas formas. Uma delas era a prática com o material, sem fazer anotações. Os alunos brincavam de lojinha, representado com o dinheiro de faz de conta operações realizadas de maneira prática, comprando, vendendo, e dando troco na loja. Nessa atividade, muitas vezes os alunos se deparavam com situações em que não podiam dar o troco porque não tinham a quantia exata: por exemplo, o troco deveria ser 28 Reais mas o aluno que era o "dono" da loja não tinha 8 unidades. Em situações como essa, o "dono" da loja trocava uma moeda de dez por dez de um no "banco", do qual estava encarregado outro aluno. O mesmo podia acontecer com a falta de moedas de dez, sendo então necessário trocar uma moeda de cem por dez moedas de dez. A Figura 6.4 ilustra essa proposta.

figura 6.4

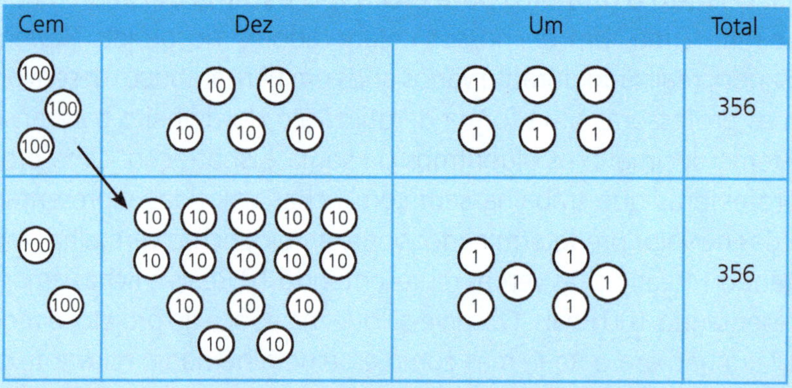

Cem	Dez	Um	Total
100 100 100	10 10 10 10 10	1 1 1 1 1 1	356
100 100	10 10 10 10 10 10 10 10 10 10 10 10 10 10 10	1 1 1 1 1 1	356

Ao usar o dinheiro como um modelo para aprender a calcular com números grandes, levamos os alunos a utilizarem sua compreensão da composição aditiva (discutida no Capítulo 1) e das equivalências entre unidades de diferentes valores. Dessa forma, os alunos têm a oportunidade de consolidar sua compreensão de princípios de raciocínio sobre os quais os algoritmos escritos estão baseados.

Ao trabalhar as diversas maneiras de representar o mesmo número para poder ter as moedas necessárias para dar o troco na lojinha, os alunos têm a oportunidade de utilizar seus conhecimentos da vida diária em sala de aula.

Ao mesmo tempo, o fato de que estão usando a ideia de dinheiro na sala de aula cria oportunidades para que utilizem fora da escola o que aprenderem na sala de aula.

O professor que consegue estabelecer conexões entre o conhecimento desenvolvido na vida diária e o conhecimento escolar valoriza o conhecimento que o aluno traz para a escola e, consequentemente, facilita a expressão desse conhecimento diário em situações novas na sala de aula.

Outra atividade consistia em representar quantias no papel. Para isso, os alunos dispunham do conhecido 'quadro valor de lugar', em que as colunas estão identificadas como centenas, dezenas e unidades. Dessa forma, ao escrever, por exemplo, 539 no quadro valor de lugar, os alunos estavam representando 5 moedas de 100, 3 moedas de 10 e 9 moedas de 1. As trocas eram facilmente compreendidas nessa situação, pois os alunos contavam facilmente, por exemplo, 100 Reais em moedas de 10. Quando os alunos se sentiam bastante à vontade com essas anotações, a professora podia sugerir que eles anotassem também as operações realizadas. Os alunos iniciavam suas anotações da forma como julgassem mais fácil, mas à medida que trabalhavam as anotações em grupo, a professora sugeria maneiras de tornar as anotações mais claras, aproximando-as dos algoritmos.

Similarmente ao trabalho com a linha numérica, o trabalho com o dinheiro não tem a intenção de tratar as ações como um modelo exato do algoritmo. O objetivo central dessa abordagem é trabalhar os princípios numéricos subjacentes aos algoritmos — nesse caso, a composição aditiva (10 + 10 + 10 + 6 = 36) e as correspondências (uma moeda de dez corresponde a dez moedas de um). À medida que os alunos tornam-se cada vez mais conscientes desses princípios, passam a usá-los para calcular com números maiores, inclusive quando a representação que fazem das quantias é apenas mental.

Lima observou que essa proposta teve resultados muito positivos

mas, infelizmente, não documentou os resultados de maneira sistemática. No entanto, professoras que inicialmente tinham mostrado pouco interesse em conhecer a proposta tornaram-se motivadas a utilizar essa metodologia quando tiveram a oportunidade de observar a competência de alunos que haviam sido instruídos dessa maneira.

Em resumo, existem propostas distintas para o ensino do cálculo da adição e da subtração com números grandes. Durante algum tempo pensou-se ser possível ensinar esses algoritmos a partir de um mapeamento entre as ações executadas sobre materiais pedagógicos cuidadosamente planejados e a escrita. No entanto, os resultados de estudos realizados com essa finalidade mostram que esse mapeamento não ocorre, pois existem diferenças entre trabalhar com materiais e trabalhar com símbolos. Atualmente, os educadores buscam principalmente criar situações que levem o aluno a utilizar os princípios matemáticos subjacentes ao cálculo escrito com números grandes e estabelecer conexões entre suas próprias operações mentais e as representações utilizadas no papel.

Estabelecendo conexões entre a lógica e os algoritmos da multiplicação e da divisão

Uma análise dos estudos sobre métodos para o ensino de cálculo mostra claramente que existem menos propostas e investigações sobre o cálculo da multiplicação e divisão do que sobre o cálculo da adição e subtração. Duas propostas muito semelhantes serão discutidas aqui. Sua semelhança deve-se ao fato de que ambas reconhecem que o essencial no ensino do cálculo da multiplicação e divisão é trabalhar com situações que promovam a compreensão e o uso da propriedade distributiva dessas operações.

Em nossas investigações ao longo dos anos (ver, por exemplo, Nunes & Bryant, 1995), tivemos a oportunidade de observar que a compreensão da distributividade não é simples. Em um estudo com alunos da terceira e quarta série, realizado em Recife, apresentamos aos alunos uma série de situações em que poderiam utilizar os princípios da comutatividade ou distributividade da multiplicação. A Figura 6.5 apresenta um exemplo de cada uma dessas situações.

Exemplo B: Um exemplo de distributividade

Numa loja há 24 sacos de bolinhas de gude com 15 bolinhas em cada um. São, ao todo, 360 bolinhas.

Noutra loja há 25 sacos de bolinhas de gude com 15 bolinhas em cada saco. Quantas bolinhas são ao todo? Se você não souber a resposta, use a calculadora.

Resp.: ☐

Apresentamos aos alunos uma variedade de problemas. Alguns problemas envolviam soma e outros multiplicação. Em cada situação, apresentávamos primeiro um problema com a resposta. A tarefa dos alunos era examinar se o primeiro problema lhes dava uma pista para resolver o segundo. Se o problema desse uma pista, eles deveriam resolver o problema a partir dessa pista. Se o primeiro problema fosse irrelevante, e portanto não lhes desse pista alguma, os alunos deveriam encontrar a resposta usando a calculadora.

Nos exemplos da Figura 6.5 aparecem dois problemas em que a pista oferecida pelo primeiro problema é útil para resolver o segundo problema. No exemplo A, se o aluno compreender a comutatividade da multiplicação, ele já sabe a resposta. No exemplo B, se o aluno compreender a distributividade, ele saberá que na segunda loja há 360 + 15 bolinhas, uma conta que um aluno de quarta série deveria saber fazer de cabeça sem dificuldade.

Exemplos como esses, em que as pistas eram relevantes, apareciam misturados com outros, em que as pistas não eram relevantes — por exemplo, o primeiro problema envolvia o cálculo 25 X 31 e o segundo envolvia o cálculo 24 X 32. Nesses casos, os alunos deveriam utilizar a calculadora.

Observamos que, quando a pista dependia da compreensão da comutatividade, os alunos percebiam sua relevância com muito maior frequência do que quando a pista dependia da distributividade. Apenas um dentre os 30 alunos da terceira série e dois dentre os 30 alunos da quarta série perceberam a utilidade do primeiro problema para resolver o segundo, quando a pista envolvia o uso da distributividade.

Isso significa que não podemos pressupor que os alunos compreendam facilmente os princípios sobre os quais os algoritmos da multiplicação e divisão estão baseados. Ao calcular por exemplo, 35 X 47, multiplicamos primeiro 7 X 35 e depois 40 X 35 ; depois adicionamos os dois produtos. Estamos usando a distributividade, embora sem necessariamente estar conscientes disso: (35 X 7) + (35 X 40) = 35 X 47. O importante não é saber o nome da propriedade distributiva, nem saber indicar a equivalência usando as expressões aritméticas acima: o importante é compreender a propriedade, mesmo sem saber explicitá-la.

A dificuldade dos alunos testados nas escolas no uso da distributividade contrasta com a facilidade com que adultos não escolarizados ou parcialmente escolarizados utilizam a propriedade distributiva em seus cálculos. Um exemplo citado em nossos trabalhos anteriores (Carraher, Carraher & Schliemann, 1988), que é hoje muito conhecido, é o caso de um garoto calculando o preço de 10 cocos, sendo o preço de um coco igual a 35 cruzeiros, que era a moeda na época. O garoto calculou: "Três cocos, cento e cinco; com mais três, duzentos e dez; faltam quatro cocos; parece que é trezentos e quinze, trezentos e cinquenta". O cálculo indica o uso implícito da distributividade, pois o garoto sabe que 10 X 35 = (3 X 35) + (3 X 35) + (3 X 35) + (1 X 35). Embora a distributividade da multiplicação com relação à adição seja exatamente a propriedade que usamos quando calculamos por escrito, usando o algoritmo ensinado na escola, aparentemente os alunos não são capazes de reconhecer a utilidade dessa propriedade em situações de resolução de problemas, como as discutidas acima.

Por que essa diferença entre a compreensão da propriedade da distributividade entre jovens frequentando a escola e os que estão desenvolvendo seu raciocínio matemático principalmente fora da escola?

Uma de nossas hipóteses é que a aprendizagem escolar da multiplicação e divisão está muito mais centrada sobre o ensino dos algoritmos do que sobre o desenvolvimento conceitual. Ao aprender os algoritmos, os alunos deixam de refletir sobre as relações entre diferentes aspectos das situações que envolvem a multiplicação. Ao mesmo tempo, o ensino escolar baseia o conceito de multiplicação sobre a ideia de adição repetida, resultando numa ausência de reflexão sobre as relações entre duas variáveis envolvidas no problema — no caso do exemplo acima, a relação entre o número de cocos e o preço. Essas relações estão sempre presentes no cálculo da multiplicação e divisão realizado por jovens e adultos com pouca escolaridade. No exemplo acima, o jovem refere-se sempre ao número de cocos e à quantia de dinheiro correspondente, não perdendo de vista as duas variáveis. É possível que essa atenção à correspondência entre os valores seja importante para a compreensão da distributividade.

Nossas experiências de ensino são, até hoje, informais. É, portanto, essencial que novas investigações sejam feitas para que possamos ter maior confiança nos resultados de diferentes tipos de ensino.

Como discutido no capítulo 3, usamos tabelas e gráficos no ensino do conceito de multiplicação para ajudar os alunos a focalizarem a relação entre duas variáveis. Dessa forma, os alunos participando de nosso programa de ensino já se encontram em situação diferente da maioria dos alunos quando iniciamos a análise de relações numéricas feita com o objetivo de conscientizar os alunos da distributividade.

A situação inicial que apresentamos aos alunos envolveu o seguinte problema: "Pedro foi comprar refrigerante para sua festa. Ele convidou 18 amigos. Cada garrafa custa 2 Reais. A senhora que está no caixa fez a conta e disse que Pedro deve pagar 36 Reais. Nesse momento, Pedro pensou — ah, está faltando um refrigerante, não comprei um para mim! Pedro voltou e pegou mais um refrigerante. Quantos Reais a mais ele vai pagar? Quanto ele vai pagar ao todo?"

Nessa situação, observamos que a maioria dos alunos — embora nem todos — compreendem que o preço será 2 Reais a mais. A partir de alguns problemas como esse, em que perguntamos aos alunos sobre várias multiplicações semelhantes (por exemplo, 10 X 9 e depois 11 X 9; 30 X 4 e depois 31 X 4), podemos pedir aos alunos que procurem maneiras simples de calcular algumas multiplicações a partir de informações que lhes oferecemos. Por exemplo, 5 X 120 = 600; quanto seria 6 X 120? Por quê?

À medida que os alunos se tornem capazes de explicitar o raciocínio "6 X 120 é um 120 a mais do que 5 X 120", podemos tornar os problemas progressivamente mais complexos. Por exemplo, podemos perguntar se 10 X 25 = 250, quanto seria 20 X 25 e por quê. Quando os alunos compreendem que 20 X 25 deve ser o dobro de 10 X 25, podemos continuar expandindo esse raciocínio, perguntando quanto seria 21 X 25.

Em nossa abordagem, trabalhamos sempre no contexto de preços, e portanto envolvendo o cálculo com dinheiro. Ao mesmo tempo, tentamos estimular os alunos a compreenderem que há maneiras de simplificar as multiplicações com números grandes, para que elas possam ser resolvidas "de cabeça". Esse método mostrou-se eficiente inclusive com um adulto que sabia fazer o cálculo da multiplicação no papel mas dizia ser incapaz de resolver qualquer multiplicação "de cabeça", sentindo-se por isso incompetente em matemática em várias situações na vida diária.

Quando os alunos compreendem, por exemplo, que 21 X 25 é o mesmo que 20 X 25 mais 1 X 25, podemos tornar os números maiores, sugerindo aos alunos que anotem os passos intermediários em seus cálculos no papel, para que não se esqueçam do que já calcularam. Observa-se que muitos dos alunos começam a utilizar notações bastante semelhantes ao algoritmo, sendo posteriormente bastante simples mostrar-lhes o algoritmo como uma forma de resolução da multiplicação.

Koeno Gravemeijer, um pesquisador do Instituto Freudenthal, utilizou uma abordagem semelhante no ensino do cálculo da multiplicação e da divisão. O problema proposto inicialmente é o seguinte: A escola vai organizar uma festa para os pais. Em volta de cada mesa podem ser colocadas 6 cadeiras. Ao todo, 84 pais vão comparecer. Quantas mesas são necessárias?

Os alunos utilizam procedimentos diversos para encontrar a solução. Alguns alunos desenham retângulos, representando as mesas, e estabelecem a correspondência entre mesas e pais, colocando os múltiplos de 6 ao longo da fileira de retângulos, até encontrarem o resultado. Outros alunos percebem de imediato que em 10 mesas haverá lugar para 60 pais; completam seu raciocínio fazendo correspondências entre mesas e pais até verificarem quantas mesas para 84 pais. Gravemeijer sugere que, a partir da comparação entre suas soluções em pequenos grupos, os alunos começam a perceber que existem maneiras de simplificar o cálculo da divisão com números maiores, de modo especial usando os múltiplos de dez. Após terem trabalhado durante alguns meses com seus próprios métodos, os alunos estão em condições de compreender os passos envolvidos no algoritmo da divisão.

Gravemeijer salientou a importância de trabalharmos com representações para os dados dos problemas que ajudem os alunos a considerar o significado das operações, pois a divisão e a multiplicação envolvem sempre, como vimos no capítulo 3, duas variáveis. Por exemplo, no problema acima, teríamos 84 *pais* distribuídos em 6 *pais* por *mesa*, precisamos de 14 *mesas*. Portanto, o resultado de uma divisão, 84 *pais* organizados em 6 grupos de *pais* é o *número de mesas*. A divisão, como a multiplicação, são também conhecidas como "operações que provocam mudança de referente". Por essa razão, Gravemeijer considera que o uso de blocos para resolver o problema é menos eficiente do que o uso de diagramas, em que os alunos representam ambas as variáveis. Se os alunos fossem usar 84 blocos em grupos de 6 blocos, teriam que concluir que cada grupo significa uma mesa. Se o problema não envolvesse uma divisão exata — por exemplo, se fossem 87 pais — teríamos 14 grupos de blocos, representando mesas, e 3 blocos de resto, representando pais, para os quais ainda iríamos precisar de uma mesa. A Figura 6.6, a seguir, ilustra o problema levantado por Gravemeijer quanto à interpretação do significado dos blocos.

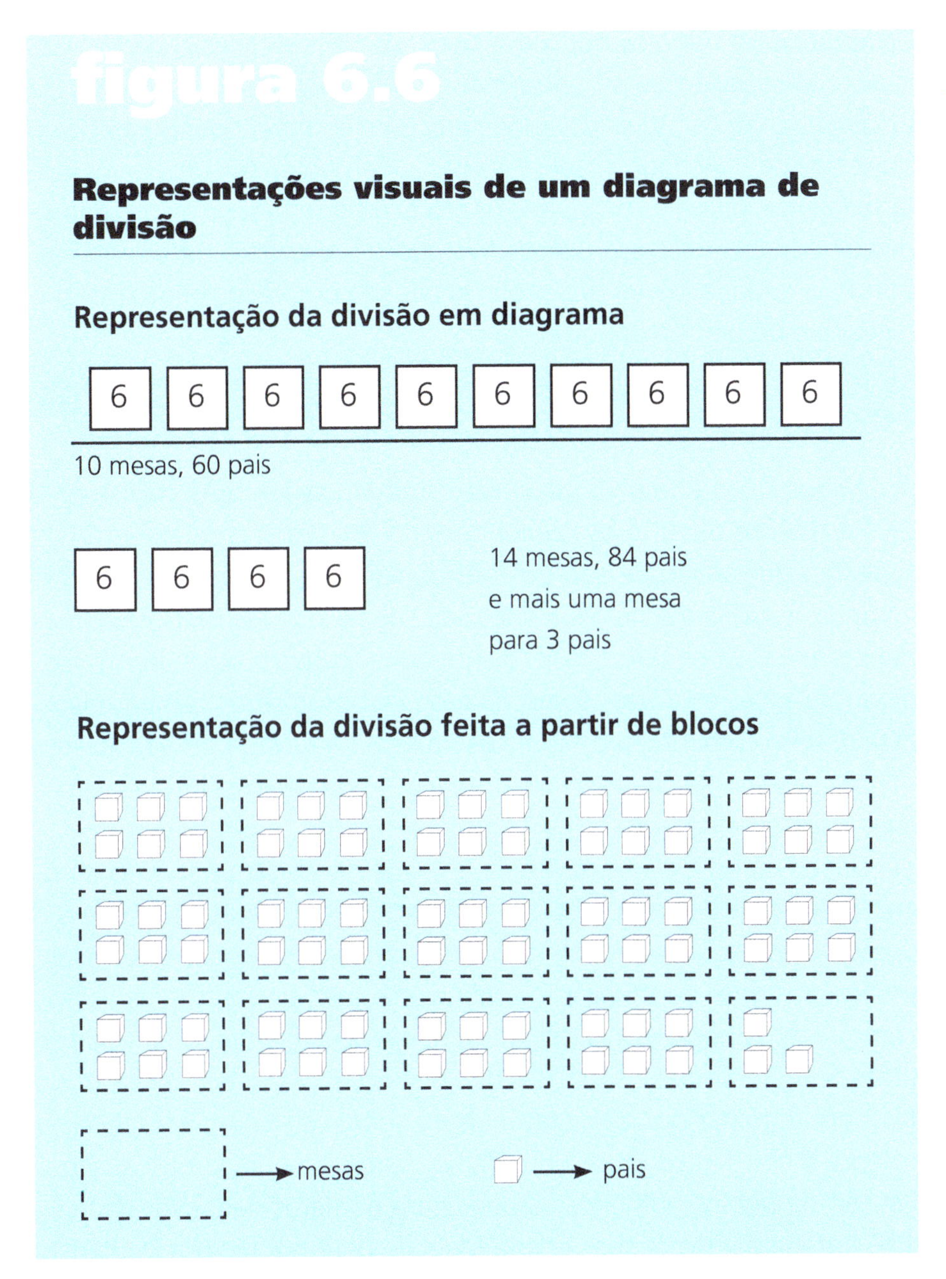

Em resumo, existem poucas investigações que analisam o ensino do cálculo da multiplicação e divisão. As investigações realizadas até hoje não foram sistemáticas. No entanto, há uma semelhança significativa entre as duas abordagens descritas nesse capítulo: ambas consideram a importância da compreensão da distributividade para que os alunos compreendam a lógica dos algoritmos da multiplicação e da divisão.

Isso não significa que se proponha ensinar aos alunos definições da propriedade distributiva: os alunos precisam compreender na prática o que significa a distributividade. Essa compreensão parece desenvolver-se tardiamente, pois mesmo alunos da terceira e quarta série ainda sentem dificuldade em utilizar a distributividade na resolução de problemas. Portanto, o papel da escola em promover a compreensão da distributividade é de grande importância.

Estendendo o raciocínio aditivo a novas situações

Vimos no capítulo 2 que o raciocínio aditivo se desenvolve progressivamente durante os primeiros anos do ensino fundamental. As situações que os alunos são capazes de compreender tornam-se mais complexas. Inicialmente, os alunos são capazes de resolver problemas diretos e mais tarde são capazes de resolver também problemas inversos e com relações estáticas, como no caso dos problemas comparativos. Esse desenvolvimento não esgota as situações aditivas, pois o raciocínio aditivo se estende também aos inteiros — ou seja, inclui problemas com números negativos.

Sabemos hoje que, embora os inteiros não façam parte do currículo nos dois primeiros ciclos do ensino fundamental, os alunos de 8 e 9 anos já são capazes de iniciar o trabalho com inteiros. Existem pelo menos dois tipos de situação na vida diária que familiarizam os alunos com números negativos: situações que envolvem dinheiro, em que se pode ficar em dívida, e situações que envolvem jogos, em que se pode falar em terminar um jogo com pontos negativos, como acontece no futebol e em muitos jogos de baralho, como no buraco ou canastra. Em um de nossos primeiros estudos com números negativos (Nunes, 1993) trabalhamos apenas com a ideia de perdas e lucros em plantações, pois os alunos procediam de comunidades em que essa situação é habitual. Nesses estudos, observamos que os alunos da quarta série não tinham dificuldades em lidar com situações em que as quantidades estivessem marcadas de modo positivo ou negativo. Por exemplo, se lhes apresentamos problemas em que devem calcular a situação final de um agricultor que perdeu 20 Reais na mandioca, ganhou 30 no feijão, e perdeu 20 na cebola, os alunos compreendem que o agricultor teve um prejuízo total de 40 e, tirando-se dos 40 o lucro que teve no feijão, ainda fica com um prejuízo de 10.

No entanto, essa compreensão frequentemente não se manifesta quando pedimos aos alunos que resolvam o problema por escrito, mas apenas quando resolvem o problema "de cabeça". Ao tentar resolver o problema por escrito, os alunos cometem uma diversidade de erros, que resultam numa solução final incorreta. Por exemplo, ao escrever o primeiro número, que se refere ao prejuízo com a mandioca, podem esquecer-se de indicar que esse número é negativo. Daí por diante sua solução é incorreta, porque tratarão esse valor como positivo, somando o prejuízo de 20 com o lucro de 30. Em contraste, ao resolverem o problema oralmente, os alunos não têm dificuldade em lembrar-se de que o 20 da mandioca foi um prejuízo, somando os dois prejuízos e subtraindo desse total o lucro.

Rute Borba, uma pesquisadora da Universidade Federal de Pernambuco, expandiu essa investigação trabalhando com crianças inglesas e utilizando jogos para definir a situação-problema. Descrevemos aqui apenas um dos jogos utilizados por ela, uma vez que os resultados foram semelhantes independentemente do jogo utilizado. A Figura 6.7 apresenta uma descrição do jogo, o Pinball.

Borba trabalhou com alunos de oito e nove anos. Ela apresentou aos alunos problemas que se referiam a quantidades e problemas que se referiam a relações (ver Figura 6.7 para maiores detalhes). Borba observou que os alunos, independentemente da idade, mostravam uma média mais alta de respostas corretas quando as questões se referiam a quantidades. Portanto, calcular o escore ao final de uma sequência de lançamentos era significativamente mais fácil do que indicar qual a situação do jogador em relação a seu escore anterior.

figura 6.7

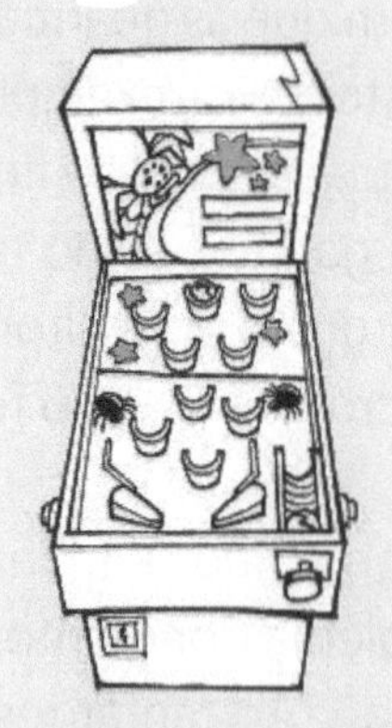

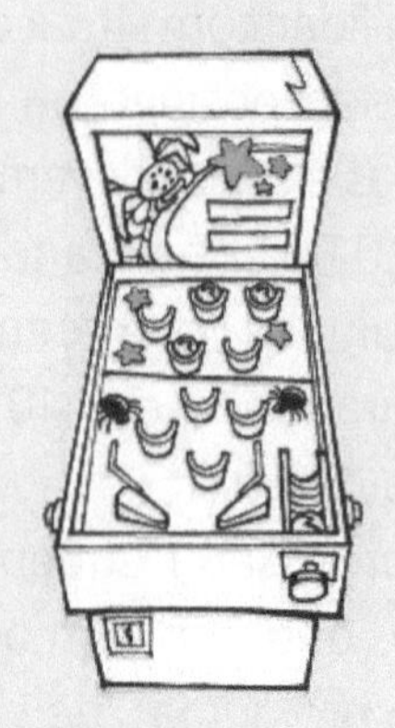

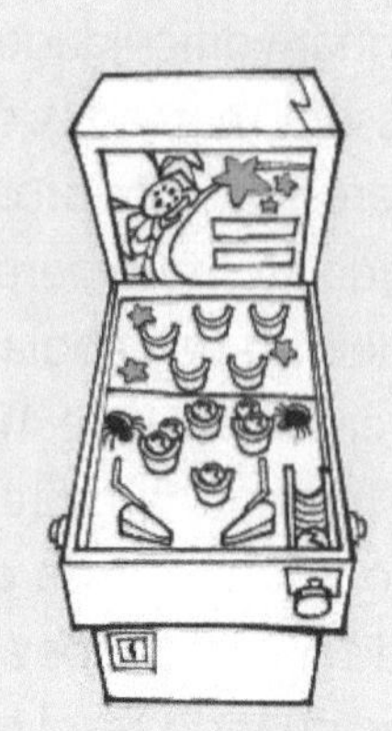

O jogo de Pinball, representado na Figura 6.7, é formado por uma caixa plástica que o jogador segura no sentido vertical. Por meio de uma mola e um tubo, o jogador lança as bolinhas, que ficarão presas em uma das saliências ou cairão no fundo da caixa. Quando as bolinhas ficam presas na parte de cima, onde há estrelas, o jogador ganha pontos. Quando elas ficam presas na parte inferior, onde há aranhas, o jogador perde pontos. Aquelas que caem no fundo valem zero. Quando chega sua vez, cada jogador tem direito a três lançamentos por jogada. O problema pode ser apresentado como uma contagem de pontos na jogada — uma pergunta que se refere a uma quantidade — ou pode ser apresentado como uma relação com a situação anterior do jogador. As mesmas configurações podem ser usadas para se fazer os dois tipos de pergunta.

Problema sobre quantidade: O jogador ganhou um ponto no primeiro lançamento, ganhou três no segundo, e perdeu seis no terceiro. Qual é a sua pontuação no final?

Problema sobre relação: Os jogadores estão acumulando seus pontos durante um dia inteiro. No final da tarde, um jogador ganhou um ponto no primeiro lançamento, ganhou três no segundo, e perdeu seis no terceiro. Ele vai ficar com mais ou com menos pontos do que tinha antes? Quantos pontos a mais ou a menos?

Borba analisou também as diferenças entre o desempenho de alunos que resolviam o problema oralmente e dos que primeiro deviam representar os dados para depois resolver o problema. Essa opção não era espontaneamente tomada pelos alunos, mas dirigida pela pesquisadora, que distribuiu os alunos randomicamente às duas condições de exame. Portanto, as diferenças de desempenho entre os dois grupos não podem ser atribuídas a diferenças entre os alunos. No entanto, os alunos podiam escolher a forma de representação que desejavam utilizar: com lápis e papel, usando fichas de cores diferentes, usando palitos, usando bolinhas de gude, ou usando uma régua. Borba observou que poucos alunos usavam o lápis e papel e nenhum deles usou a régua. Os alunos que deviam representar os valores com material concreto antes de resolver o problema cometeram significativamente mais erros do que os outros.

Um erro comum entre esses alunos é bastante semelhante ao que observamos quando os alunos escrevem os dados antes de resolver o problema: eles não marcam a distinção entre pontos ganhos e pontos perdidos e, muitas vezes, terminam somando pontos ganhos aos pontos perdidos. Outro erro consistia em representar os pontos ganhos e perdidos de modo diferente — por exemplo, um aluno representou os pontos ganhos com palitos e os perdidos com bolinhas — mas, no final, não conseguir interpretar a representação, respondendo apenas que não sabiam.

Em outro estudo, Borba decidiu ensinar aos alunos formas de marcar a diferença entre pontos ganhos e perdidos, usando o material concreto. Em primeiro lugar, Borba avaliou os alunos em um pré-teste, em que eles resolviam problemas sobre os jogos usando qualquer forma de representação dos dados que desejassem: materiais concretos ou escrevendo os números numa folha. A seguir, Borba examinou os resultados dos alunos e os organizou em trios de alunos com resultados semelhantes. Cada aluno em um desses trios foi alocado a um grupo, sendo dois grupos experimentais, em que o ensino era relacionado com números inteiros, e um de controle, em que os alunos recebiam a mesma quantidade de atenção individual da pesquisadora mas o ensino que recebiam era relacionado a outro conteúdo do currículo, raciocínio multiplicativo.

No primeiro grupo, a experiência de ensino envolvia os alunos em resolução de problemas de quantidades — ou seja, durante a fase de ensino os alunos resolviam problemas em que deviam calcular os escores finais. No segundo grupo, a experiência de ensino referiu-se a problemas de relação — ou seja, os alunos resolviam questões sobre a situação do jogador em comparação com seu escore anterior. O terceiro grupo constituiu um grupo de controle, pois os alunos resolviam problemas de multiplicação, divisão e proporções simples. Após essa fase de aprendizagem, os alunos resolviam o mesmo teste que haviam resolvido no pré-teste.

Durante a fase de aprendizagem, o método de ensino usado por Borba consistiu em pedir aos alunos que representassem os dados com material concreto e resolvessem o problema. Se os alunos cometessem um erro — e sabemos que o erro mais frequente é não marcar os pontos perdidos como negativos — Borba mostrava aos alunos que eles estavam utilizando a mesma representação para pontos ganhos e pontos perdidos e exemplificava uma forma de marcar a diferença entre pontos ganhos e perdidos. Como o material que estava sendo usado durante essa fase eram quadradinhos de papelão de duas cores, Borba sugeria aos alunos que utilizassem uma cor para os pontos ganhos e outra para os pontos perdidos. Após os alunos terem feito a representação, se eles não resolvessem espontaneamente o problema, Borba perguntava-lhes: Quantos pontos ganhos no total? Quantos pontos perdidos no total? E, finalmente, colocava a questão a ser resolvida, que era diferente para o grupo trabalhando com quantidades e o grupo trabalhando com relações. Para o grupo trabalhando com quantidades a questão era: Então, qual é o escore do jogador? Para o grupo trabalhando com relações, Borba perguntava: Então, o jogador vai ficar com mais ou com menos pontos do que tinha antes? Com quantos pontos a mais (ou a menos, conforme o caso)? Se fosse necessário, Borba auxiliava os alunos no cálculo da resposta final.

Os dois grupos experimentais fizeram significativamente mais progresso do que o grupo de controle do pré-teste para o pós-teste. Isso mostra que o ensino planejado por Borba foi efetivo. Uma comparação entre os dois grupos que receberam instrução em inteiros mostrou que o grupo instruído em relações fez significativamente mais progresso do que o grupo instruído em quantidades. O grupo instruído em quantidades progrediu do pré para o pós-teste apenas nos problemas que envolviam quantidades, mostrando um progresso mínimo nos problemas sobre relações. Em contraste, o grupo instruído em relações mostrou progresso tanto nos problemas que envolviam relações como nos problemas sobre quantidades.

Os resultados do estudo de Borba são muito significativos para a educação matemática. Primeiramente, eles mostram a efetividade de um método de ensino relativamente simples: solicitar aos alunos que representem externamente, com auxílio de materiais, suas soluções, e sugerir-lhes a necessidade de diferenciar 'pontos ganhos' de 'pontos perdidos' — ou seja, números negativos de números positivos. A partir dessa marcação explícita da diferença entre negativos e positivos, muitos dos alunos já conseguem obter a solução de problemas em que não tinham tido sucesso. Em segundo lugar, o estudo de Borba mostra que o ensino foi mais efetivo quando focalizou a classe de problemas em que os alunos tinham menos sucesso, os problemas de relação. Esse resultado sugere a importância de conhecermos as dificuldades dos alunos porque trabalhar com problemas que não causam dificuldade conceitual leva a resultados limitados. O trabalho foi mais eficaz quando os alunos resolveram problemas que podiam promover novas reflexões a nível conceitual.

Em resumo, sabemos hoje que os alunos de oito e nove anos já compreendem algumas situações-problema envolvendo números negativos. Portanto, a escola pode expandir seu raciocínio aditivo apresentando-lhes problemas com inteiros desde o final da segunda ou começo da terceira série. No entanto, os alunos nem sempre são bem-sucedidos, pois a necessidade de representar os problemas por escrito parece interferir em sua compreensão: o nível de sucesso dos alunos é significativamente maior quando eles podem resolver os problemas de cabeça do que quando lhes pedimos que anotem os dados no papel antes de resolver o problema.

A escola pode expandir o raciocínio aditivo dos alunos de duas maneiras. Primeiramente, é possível utilizar material manipulável para demonstrar aos alunos a necessidade de representar negativos e positivos diferentemente. Em segundo lugar, sabe-se que os alunos resolvem problemas sobre quantidades mais facilmente do que problemas sobre relações. Portanto, o currículo deve considerar a necessidade de promover o desenvolvimento conceitual dos alunos, incluindo entre os problemas com inteiros questões sobre relações, e não apenas questões sobre quantidades.

Estendendo o raciocínio multiplicativo a novas situações

As situações em que o raciocínio multiplicativo é usado têm sido classificadas de diversas maneiras por pesquisadores em educação matemática. Independentemente do rótulo utilizado, há um tipo de situação que consistentemente aparece como significativamente mais difícil do que as outras situações multiplicativas. Essa classe de problemas está ilustrada na Figura 6.8. A terminologia usada por nós será a sugerida por Gérard Vergnaud, que se refere a esses problemas como situações que envolvem "produto de medidas".

As situações envolvendo produto de medidas tipicamente envolvem três variáveis, sendo a terceira variável um produto das duas primeiras. No caso ilustrado na Figura 6.8, os conjuntos são um produto da combinação de um short com uma camiseta. Observe-se que esses problemas envolvem uma correspondência um-a-muitos, como os outros problemas de multiplicação, mas essa correspondência está implícita, e deve ser construída pelo próprio aluno.

figura 6.8

Júlia tem três camisetas e dois shorts que ela usa para fazer caminhada. Se ela combinar, por exemplo, a camiseta xadrez com o short preto, faz um conjunto. Se ela combinar a camiseta xadrez com o short branco, faz outro conjunto diferente. Se ela combinar em cada dia uma das três camisetas com um dos dois shorts, quantos conjuntos diferentes ela pode fazer?

Resp.:

O pesquisador e psicólogo francês Gérard Vergnaud denominou esse tipo de problema "produto de medidas". O termo escolhido indica que a quantidade à qual se refere o resultado — conjuntos — é um produto da combinação das duas outras quantidades no problema, shorts e camisetas, pois um conjunto é formado por um short e uma camiseta.

Essa denominação está relacionada *às medidas* usadas no problema e não indica que o raciocínio multiplicativo seja de natureza distinta.

José Peres Monteiro, um pesquisador português que fez sua tese de doutoramento na Universidade de Coimbra, verificou que adultos não escolarizados, perfeitamente capazes de resolver problemas multiplicativos classificados por Vergnaud como problemas de "isomorfismo de medidas", mostram um nível de sucesso praticamente nulo em problemas do tipo "produto de medidas". Seu estudo indica a importância da escola como instituição que pode promover a expansão do raciocínio multiplicativo a outras situações. Para compreender bem o problema, o aluno precisa imaginar que cada camiseta pode ser usada com dois shorts, formando dois conjuntos. Então, o número de camisetas está em correspondência com o número de conjuntos. O valor da correspondência, nesse caso, 1 camiseta para dois conjuntos, depende do número de shorts: se Júlia tem dois shorts, cada camiseta pode ser usada para formar dois conjuntos diferentes. Portanto, uma camiseta forma dois conjuntos; duas camisetas formam quatro conjuntos; três camisetas formam seis conjuntos e assim por diante.

Nossas investigações mostram que é muito difícil explicar a solução de problemas de produto de medidas aos alunos verbalmente. No entanto, os alunos não acham a situação tão difícil se ela for apresentada visualmente. As Figuras 6.9 e 6.10 apresentam alguns exemplos que utilizamos para instruir os alunos visualmente nos problemas de produtos de medidas.

A simples apresentação visual não é suficiente para que os alunos analisem as correspondências implícitas na situação e as tornem explícitas. Portanto, é necessário que as situacões envolvendo produto de medidas sejam exploradas em sala de aula.

figura 6.9

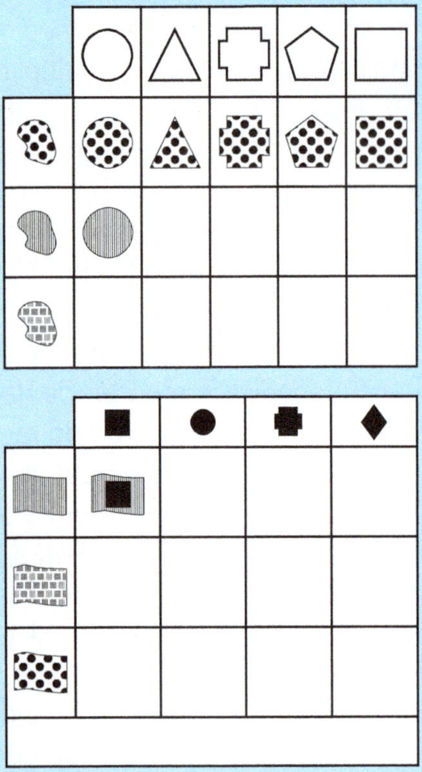

4 desenhos 3 panos ☐ bandeiras diferentes

No primeiro exemplo a tarefa dos alunos é simplesmente identificar as figuras diferentes que podem fazer usando três cores e cinco formas. O professor pergunta se seria possível fazer mais alguma figura diferente e por que os alunos têm certeza de sua resposta. No segundo exemplo introduzimos a ideia de que o número pode ser calculado.

figura 6.10

Márcia tem quatro camisetas. Combinando as camisetas com seus shorts diferentes, ela pode fazer 20 conjuntos diferentes. Quantos shorts ela tem?

Resp.: ______

Camisetas	4	4
Shorts	1	
Conjuntos	4	20

O trabalho com situações que envolvem produto de medidas precisa ser introduzido de forma a permitir que os alunos compreendam as correspondências que existem na situação. Em geral, os alunos parecem compreendê-las mais facilmente se o professor introduzir um arranjo visual semelhante a uma matriz, construindo a matriz passo a passo. No primeiro exemplo da Figura 6.9 o professor perguntaria quantas figuras diferentes se pode fazer com a primeira cor e as cinco formas, depois com a segunda cor etc. Quando a matriz está preenchida, o professor pergunta se há alguma figura repetida e se é possível fazer mais alguma.

Utilizamos diferentes exemplos em vários dias para que os alunos tivessem oportunidade de refletir sobre esse tipo de problema. Introduzimos o cálculo após termos permitido aos alunos analisarem alguns problemas.

Nos últimos exemplos, introduzimos tabelas que permitem aos alunos considerar as correspondências e analisar a semelhança entre esse tipo de situação e outras situações multiplicativas.

Finalmente, introduzimos problemas inversos, em que um dos fatores estava ausente e devia ser calculado, como no problema anterior.

José Peres Monteiro, um pesquisador português que fez seu doutoramento na Universidade de Coimbra, investigou o raciocínio multiplicativo entre adultos não escolarizados vivendo em cidadezinhas no norte de Portugal. Ele apresentou aos participantes de seu estudo dois tipos de situação-problema.

O primeiro tipo, em que as correspondências entre os valores nas duas variáveis estão explícitas, corresponde ao tipo de problema classificado por Vergnaud como envolvendo "isomorfismo de medidas". Essa terminologia indica que, para cada valor em uma variável, existe um valor correspondente na outra variável — ou, como frequentemente se diz, os valores nas variáveis formam pares ordenados. Esse foi o tipo de problema que discutimos no capítulo três. Para exemplificar com um dos problemas utilizados por Peres Monteiro: o pesquisador dizia aos participantes que, para se fazer um litro de azeite no Brasil, como as azeitonas brasileiras são diferentes, é necessário usar uma quantidade diferente de azeitonas do que se usa em Portugal. Para fazer um litro com a azeitona brasileira, precisamos de 6 quilos de azeitona (6:1 é uma razão diferente da que os participantes do estudo estão habituados em seu ambiente); o pesquisador perguntava-lhes, a seguir, quantos quilos de azeitona são necessários para se fazer 8 litros de azeite usando essa azeitona brasileira.

O segundo tipo de problema apresentado por Peres Monteiro foi produto de medidas. Peres Monteiro dizia-lhes que, no Brasil, há um baralho em que existem quatro figuras (valete, dama, rei e rainha) e seis naipes (ouros, paus, copas, espadas, pratas e cobres). Perguntava-lhes, então, quantas cartas existem nesse baralho com quatro figuras e seis naipes.

Em ambas as situações propostas, o conteúdo dos problemas era familiar aos participantes[1], pois na região fabrica-se azeite e os participantes do estudo eram pessoas habituadas a jogar cartas como sua principal distração noturna. Em ambas as situações, os participantes deviam lidar com informações novas em situações imaginárias. Também em ambas as situações, o raciocínio envolvido é multiplicativo e os problemas requeriam cálculos com números pequenos. Apesar dessas semelhanças entre as situações, a média de acerto nos dois tipos de problema foi radicalmente diferente. A maioria dos adultos entrevistados respondeu corretamente às questões sobre isomorfismo de medidas, porém apenas um dentre os 50 participantes não escolarizados respondeu corretamente à questão sobre produto de medidas. Considerando-se que a diferença entre os resultados não pode ser explicada por fatores irrelevantes, pois esses haviam sido controlados, devemos concluir que a escola tem um papel a desempenhar na promoção do raciocínio em situações em que uma variável é o produto das outras duas.

Peres Monteiro entrevistou também adultos que haviam frequentado a escola e tinham escolaridade equivalente ao ensino fundamental incompleto ou completo. Ele verificou que também para esses participantes do estudo havia uma diferença significativa entre a média de acertos nos problemas de isomorfismo e produto de medidas, mas seu desempenho nos problemas de produto de medidas foi significativamente superior ao dos adultos não escolarizados. Esses resultados reforçam a importância do papel da escola na extensão do raciocínio multiplicativo a novos tipos de situação.

1 Os problemas apresentados aos homens e às mulheres eram diferentes e ligados às suas atividades diárias. Os exemplos incluídos aqui são de problemas apresentados aos homens.

em resumo

- o raciocínio aditivo e multiplicativo podem ser estendidos de duas maneiras: aumentando o campo numérico ao qual eles se aplicam e a abrangência no tipo de problema que os alunos são capazes de solucionar;
- os estudos feitos inicialmente por Piaget e posteriormente por muitos pesquisadores mostram que não há uma identidade entre a capacidade de raciocinar em termos aditivos ou multiplicativos e a capacidade de solucionar problemas com números grandes; isso significa que a escola deve promover a compreensão dos princípios nos quais se baseiam os algoritmos para cálculo com números grandes e procurar fazer com que os alunos estabeleçam relações entre esses princípios e o processo de cálculo;
- as primeiras abordagens no ensino dos princípios relacionados ao cálculo com números grandes tentavam levar os alunos a um mapeamento entre ações e o cálculo numérico — utilizando, por exemplo, os blocos unifix; os estudos feitos por muitos pesquisadores mostram que essa abordagem não teve o sucesso que se esperava porque não existe um mapeamento verdadeiro entre as ações com objetos pedagógicos e os algoritmos;
- atualmente procura-se utilizar representações gráficas que facilitem o estabelecimento de conexões entre ideias e princípios de raciocínio usados em resolução de problemas (com ou sem material concreto) e o cálculo numérico; os instrumentos utilizados para tal fim são diagramas, a reta numérica, tabelas e gráficos;
- a escola deve incluir entre seus objetivos para a expansão do raciocínio aditivo sua aplicação ao campo dos inteiros; pesquisas indicam que essa expansão pode ser trabalhada a partir dos 8 ou 9 anos com resultados muito positivos;
- os alunos de 8 e 9 anos têm facilidade em raciocinar sobre inteiros mas, em geral, não em representá-los externamente, e a escola pode ter uma atuação significativa nesse campo;
- os alunos nessa faixa etária têm facilidade em resolver problemas com inteiros em que o significado dos números nos problemas se re-

fere a medidas mas não a relações; consequentemente, a escola pode ter uma influência positiva sobre o desenvolvimento conceitual dos alunos, trabalhando sua compreensão de problemas com inteiros que se referem a relações;

- para expandir o raciocínio multiplicativo, a escola poderia propor-se o objetivo de promover a análise de problemas do tipo produto de medidas; as pesquisas indicam que a escola tem um papel crucial na expansão do raciocínio multiplicativo no que diz respeito à sua aplicação nesse tipo de problema.

atividades sugeridas para a formação do professor

1 Usando a reta numérica para a extensão do raciocínio aditivo a números grandes, pedir a alunos das séries iniciais que resolvam alguns problemas com números grandes antes de terem recebido instrução nos algoritmos. Observar suas estratégias de cálculo e discuti-las com os colegas.

2 Introduzir a um grupo de alunos que ainda não recebeu instrução nos algoritmos da multiplicação e divisão problemas em que entrem um número de dois dígitos multiplicado ou dividido por um de um dígito. Sugerir, se necessário, o uso de tabelas e diagramas para resolução dos problemas. Observar os procedimentos usados pelos alunos e sua capacidade de generalizar o mesmo procedimento para um problema semelhante.

3 Usando as situações apresentadas nas diversas figuras do capítulo, avaliar alunos individualmente ou em grupo, traçando com os colegas um perfil do progresso de alunos de primeira a quarta série no campo dos números inteiros.

4 Usando as situações apresentadas nas diversas figuras do capítulo, avaliar alunos individualmente ou em grupo, traçando com os colegas um perfil do progresso de alunos de primeira a quarta série na solução de problemas de produto de medidas apresentados com o apoio visual descrito no capítulo.

5 Em grupo, formular problemas que possam ser apresentados através de desenhos e instruções orais e que sejam problemas envolvendo inteiros ou produto de medidas. Testar sua utilidade no trabalho com alunos de uma das séries do ensino fundamental.

Reflexões finais

Nosso objetivo nesse livro foi oferecer ao professor em formação, seja formação inicial ou formação continuada, a oportunidade de refletir sobre conceitos que, de nosso ponto de vista, são fundamentais para um processo de ensino-aprendizagem sólido nos primeiros anos de estudo de matemática. Segundo nosso objetivo de apoiar o professor na elaboração de uma síntese entre teoria e prática, selecionamos tópicos centrais ao desenvolvimento do raciocínio matemático dos alunos. Para cada tópico, escolhemos exemplos de atividades que podem ser usadas para criar oportunidades de observação e avaliação dos alunos, a fim de que o professor possa planejar o ensino. Também descrevemos experiências pedagógicas e estudos científicos sobre o processo de aprendizagem, os quais, esperamos, oferecerão aos professores ideias para o trabalho em sala de aula.

Para atingir nossos objetivos, sintetizamos um grande número de pesquisas, contamos com a colaboração de dezenas de professores e centenas de alunos, e trabalhamos durante cinco anos em busca de uma forma de organização do material que permitisse ao professor refletir ao mesmo tempo sobre conteúdos matemáticos e sobre a aprendizagem de seus alunos.

Esperamos que os professores em formação venham a sentir o mesmo fascínio que sentimos quando temos o privilégio de observar uma criança engajada na aprendizagem da matemática. Ao longo dos muitos anos em que pesquisamos o desenvolvimento dos conceitos matemáticos, encontramos pouquíssimos alunos — embora no momento nenhum de nós consiga lembrar-se de um sequer — que não sentissem a atração da descoberta intelectual que a matemática oferece. A imagem que temos das crianças que participaram de nossos estudos, tanto no Brasil como na Inglaterra, é de pequenos matemáticos em formação, todos eles interessados em encontrar a solução de problemas e explicar-nos seu raciocínio. Sabemos que essa não será a experiência de muitos professores em sala de aula e por isso nos perguntamos por que essa diferença.

Quem sabe as crianças reconhecem instintivamente nosso interesse genuíno por seu raciocínio e por isso se dispõem a raciocinar para nos ajudar? Ou talvez o relacionamento pesquisador-aluno seja tão diferente do relacionamento professor-aluno que o raciocínio do aluno pode fluir mais facilmente diante de um pesquisador que diante do professor. É também possível que nosso "status" na escola, como pesquisadores, nos possibilite uma liberdade no trabalho com os alunos que o professor não tem, pois precisa seguir um currículo e vencer um programa.

Essas hipóteses, embora plausíveis, não podem ser testadas facilmente. Porém, não são ideias inúteis, pois elas sugerem que um professor que se torne pesquisador do raciocínio de seus alunos poderia atuar de modo muito diferente do que um que somente se propõe a cumprir o currículo e vencer o programa. Se, de fato, os alunos aprendem melhor quando o ensino começa de onde estão para levá-los a alcançar novos níveis de raciocínio, o professor que se torne pesquisador do raciocínio de seus alunos só poderá lucrar com essa análise.

O desafio que lançamos para o professor vai, porém, além do interesse por seus alunos: desafiamos o professor a pensar também nos alunos dos outros, a sistematizar suas observações, a socializar o conhecimento que desenvolver, a participar do processo de construção do saber pedagógico.

O professor que aceitar esse desafio estará atingindo duplamente os objetivos de ensino propostos neste livro: estará construindo com seus alunos conceitos matemáticos que lhes serão indispensáveis em sua vida adulta e estará construindo com seus colegas novas maneiras de pensar o ensino da matemática. Terá, portanto, atingido os objetivos do projeto que deu origem a este livro, o projeto Ensinar é Construir.

Referências

BEISHUIZEN, M. & Anghlieri, J. (1998). Which mental strategies in the early number curriculum? A comparison of British ideas and Dutch views. *British Education Research Journal*, 24, 518-538.

CARRAHER, T. N. (1986). *O método clínico: Usando os exames de Piaget*. São Paulo: Cortez Editora.

CARRAHER, T. N. (1993). O desenvolvimento mental e o sistema numérico decimal. In T. N. Carraher (Org.), *Aprender pensando. Contribuições da psicologia cognitiva para a educação* (p. 51-68). Petrópolis: Vozes.

CARRAHER, T. N., CARRAHER, D. W. & SCHLIEMANN, A. D. (1988). *Na vida dez, na escola zero.* São Paulo: Cortez Editora (10a. edição).

FRYDMAN & BRYANT (1988). Sharing and understanding of number equivalence by young children. *Cognitive Development*, 3, 323-339.

LIMA, L. de O. (1999). *Piaget. Sugestões aos educadores.* Petrópolis: Vozes.

LIMA, M. de F. (1993). Iniciação ao conceito de fração e o desenvolvimento da conservação de quantidade. In T. N. Carraher (Org.), *Aprender pensando. Contribuições da psicologia cognitiva para a educação* (p. 81-127). Petrópolis: Vozes.

MEC. Ministério da Educação e do Desporto, Secretaria da Educação Fundamental (1997). *Parâmetros Curriculares Nacionais*, Volume 3: Matemática. Brasília (DF).

NUNES, T. (1993). Learning mathematics: Perspectives from everyday life. In R. B. Davis & C. A. Maher (Eds.), *Schools, mathematics, and the world of reality* (p. 61-78). Needham Heights (MA): Allyn and Bacon.

NUNES, T. (1998). *Developing children's minds through literacy and numeracy.* University of London: Institute of Education.

NUNES, T. & BRYANT, P. (1995). Do problem situations influence children's understanding of the commutativity of multiplication? *Mathematical Cognition*, 1, 245-260.

NUNES, T. & BRYANT, P. (1997). *Crianças fazendo matemática*. Porto Alegre: Artes Médicas.

PARK, J. & NUNES, T. (2001). The development of the concept of multiplication. *Cognitive Development*.

PIAGET. J. & SZEMINSKA, A. (1971). *A gênese do número na criança.* Rio de Janeiro: Zahar.

STREEFLAND, L. (1997). Charming fractions or fractions being charmed? In T. Nunes & P. Bryant (Orgs.), *Learning and teaching mathematics: An international perspective* (p. 347-372). Hove (UK): Psychology Press.

VAN DEN HEUVEL-PANHUIZEN, M. (1996). *Assessment and realistic mathematics education*. Culemborg (Holanda): Technipress.

VYGOTSKY, L. S. (1978). *Mind in society. The development of higher psychological processes*. Cambridge (MA): Harvard University Press.

YAMONOSHITA, R. & MATSUSHITA, K. (1996). Classroom models for young children's mathematical ideas. In H. M. Mansfield, N. A. Pateman, & N. DescampsBernarz (Eds.), *Mathematics for tomorrow's young children: International Perspectives on curriculum*. Dordrecht: Kluwer Academic.